サステイナビリティ・サイエンスを拓く

― 環境イノベーションへ向けて ―

原 圭史郎・梅田 靖 編著
大阪大学環境イノベーションデザインセンター 監修

大阪大学出版会

目　　次

序　章　「サステイナビリティ・サイエンスを拓く」
　　　　の刊行にあたって ……………………………………………1

第1部　サステイナビリティ・サイエンスの萌芽

第1章　持続可能な社会の姿を科学的に，かつ，
　　　　　自由に描くという可能性……………………………………6

　1.1　はじめに………6
　1.2　サステイナビリティという概念………7
　1.3　サステイナビリティ・サイエンスがなぜ必要か？………9

第2章　大阪大学サステイナビリティ・サイエンスの
　　　　　研究アプローチ ……………………………………………13

　2.1　はじめに………13
　2.2　サステイナビリティ・サイエンスの特徴………13
　2.3　大阪大学サステイナビリティ・サイエンスのアプローチ………14

第2部　持続可能社会を導くシナリオ・評価・イノベーション

第3章　アジア地域の産業セクター将来シナリオを考える
　　　　　―中国・長江デルタ地域の事例―　………………………24

　3.1　存在感を増すアジア：急激な経済発展と環境問題………24
　3.2　不確実な未来に対して準備を行う－将来シナリオの意義………26
　3.3　中国の政策目標と社会の方向付け………28
　3.4　エネルギー消費構造と産業システム：上海市と江蘇省の事例………31
　3.5　産業セクターの将来シナリオと構造転換への施策………35

3.6 まとめ―持続可能なアジアへ向けて………41

第4章 サステイナビリティの理解と評価 …………………44

4.1 はじめに………44

4.2 サステイナビリティにまつわる議論………44

4.3 サステイナビリティ評価の流れ………46

4.4 サステイナビリティ評価ツール………49

4.5 サステイナビリティ評価に必要な視座………52

4.6 サステイナビリティ評価の研究事例………57

4.7 終わりに………60

第5章 イノベーションと社会システム変革 ………………62

5.1 はじめに………62

5.2 自動車におけるイノベーションとその過程………64

5.3 注目される要素技術革新………70

5.4 要素技術革新と社会システム変革………73

5.5 構造的変容の誘導の方法………80

5.6 まとめ………82

第6章 環境政策と技術革新―ダイオキシン排出削減および家電リサイクルにおける日本の経験から― …………………85

6.1 はじめに………85

6.2 体系的な技術革新アプローチの枠組み………86

6.3 日本における廃棄物政策の変遷………87

6.4 技術革新に対する政策の影響………91

6.5 終わりに………97

第3部　制度設計とガバナンス

第7章　世界排出量取引構想
―ポスト・コペンハーゲン合意の日本の戦略― ……………102

- 7.1　はじめに………102
- 7.2　25％削減は真水で可能か？………103
- 7.3　25％以外に追加的削減義務を負う危険性………106
- 7.4　政府は何をすべきか？………107
- 7.5　世界排出量取引構想………108
- 7.6　まとめ………111

第8章　産業エコロジーから産業のリスクガバナンスへ
……………………………………………………………113

- 8.1　産業エコロジーとリスクガバナンス………113
- 8.2　産業エコロジーの着想とサプライチェインにおける環境対応………114
- 8.3　都市代謝システム………116
- 8.4　環境代謝システム………116
- 8.5　環境管理の制度整備からリスクガバナンスへ………117
- 8.6　リスクガバナンス………119
- 8.7　リスク管理原則と予防的アプローチ………121

第9章　持続可能な社会づくりのための協働イノベーション
……………………………………………………………123

- 9.1　協働イノベーションの必要性………123
- 9.2　機能不全の3つの要因………126
- 9.3　オーフス条約とは何か………127
- 9.4　今後の展望～オーフス3原則の日本への適用可能性………130

第 4 部　持続可能な地域へ向けた実践と展望

第 10 章　日本の環境モデル都市の政策的背景と実践 ………136
- 10.1　はじめに………136
- 10.2　環境モデル都市事業………137
- 10.3　環境モデル都市の取組………139
- 10.4　飯田市における取組：おひさまともりのエネルギー活用プロジェクト………140
- 10.5　梼原町における取組：木質バイオマス地域循環モデル事業プロジェクト………143
- 10.6　宮古島市における取組：サトウキビ等による自給自足のエネルギー供給プロジェクト………146
- 10.7　まとめ………149

第 11 章　高齢化社会とアーバンリーニング………151
- 11.1　都市の成り立ちとこれからの都市の課題………151
- 11.2　アーバンリーニングの可能性………154
- 11.3　アーバンリーニングの技術………160
- 11.4　アーバンリーニング推進のしくみ………165

第 12 章　地域文化の継承保存とサステイナビリティ………167
- 12.1　大量消費社会………167
- 12.2　消費社会と文化………170
- 12.3　社学連携活動………175
- 12.4　まとめ………182

第 5 部　サステイナビリティ知識の構造化とシーズマップ

第 13 章　オントロジー工学によるサステイナビリティ知識の構造化 ……………………………………186

13.1　はじめに………186
13.2　サステイナビリティ・サイエンスにおいて求められる知識の構造化とは？………188
13.3　オントロジーと概念マップ生成ツール………190
13.4　サステイナビリティ・サイエンスのオントロジー構築………196
13.5　オントロジーの試験運用による共考支援の機能の例示………202
13.6　終わりに………207

第 14 章　持続可能社会を導くサステイナビリティ・シーズマップ……………………………………210

14.1　「アジア循環型社会の形成」研究領域の俯瞰マッピング………210
14.2　大阪大学サステイナビリティ研究シーズマップの作成………214
14.3　サステイナビリティ研究のシステム化………218

終　章　持続可能な社会へ向けて
　　　　　―環境イノベーションデザインの展望― ……………………………244

編者・執筆者　一覧………247
索　引………251

序章
「サステイナビリティ・サイエンスを拓く」の刊行にあたって

　我々人類はいま，複雑で大きな課題に直面している．地球温暖化はより現実のものとして我々の目の前に立ちはだかり，解決にむけた国際的な枠組みも遅々として進まない．2008年には原油価格が急騰し，資源エネルギーの枯渇問題もグローバルな課題として現実味を帯びてきている．また，2008年末のリーマンショック以来，世界的な景気後退の連鎖反応が進み，人々の生活基盤を揺るがしている．このように，さまざまな事象が，生活基盤のサステイナビリティ（持続可能性），そして地球環境のサステイナビリティに対する大きな脅威として，明確な形で顕在化してきたのである．これらの脅威，あるいは不安に立ち向かう手段として「サステイナビリティ・サイエンス」が誕生した．ここに挙げた課題群は複雑に関連しあっており，個別事象への対症療法では全体として最適な解を得ることがむずかしいため，既存の特定分野の学問，あるいはそれらの単なる集合体では対応することができず，新しい科学研究のパラダイム（考え方の枠組み）が求められているのである．これがサステイナビリティ・サイエンスが登場した所以である．

　本書は，文部科学省科学技術振興調整費戦略的研究拠点育成プロジェクト「サステイナビリティ学連携研究機構（IR3S: Integrated Research System for Sustainability Science）構想」のもとで，大阪大学サステイナビリティ・サイエンス研究機構が2006年4月から2010年3月までの間に実施してきた研究活動の成果をもとに刊行したものである．サステイナビリティ・サイエンス研究機構では，「環境負荷を低減する産業技術の開発とその普及を通じた，人類社会の持続可能性を高めていく研究・教育拠点の構築」を目的として，研究教育，さらには社会連携活動を行ってきた．大阪大学では，これまでにもサステイナビリティの構築に資する，環境・エネルギーにかかわる新しい科学技術を数多く生み出し，また産業界との連携のもとでそれらの成果を具

現化することにより，環境負荷の低減，資源効率性の向上，社会制度の設計等，さまざまな側面からサステイナビリティに貢献する学術的活動を展開してきた。2006年4月に発足した大阪大学サステイナビリティ・サイエンス研究機構では，これらの研究活動に加えて，社会ニーズやビジョンと，科学技術シーズのマッチングを志向した問題解決型の研究システム構築を進めてきた。本書は，四年間にわたるサステイナビリティ・サイエンスに関する研究活動から得られた知見をもとに，持続可能社会の構築を，理論的に，また実践的に支えるサイエンス，すなわちサステイナビリティ・サイエンスの考え方について広く話題を提供し，研究者だけでなく一般の方々にも理解を広げることを目的としている。

　本書は，以下の全5部，全14章から成り立っている。第1部「サステイナビリティ・サイエンスの萌芽」では，持続可能社会の構築という命題に対応するために，新しい超学的な科学として誕生したサステイナビリティ・サイエンスの特徴を説明し，大阪大学が進めてきたサステイナビリティ・サイエンス研究の独自のアプローチを紹介する。第2部「持続可能社会を導くシナリオ・評価・イノベーション」においては，大阪大学がサステイナビリティ・サイエンスのコア研究として特徴的に位置づけた，将来シナリオ・ビジョン提案研究，持続可能性評価，イノベーション・社会システム変革の誘導にかかわる研究について，具体的な事例をまじえながら紹介する。第3部「制度設計とガバナンス」においては，サステイナブルな社会の構築を具現化し，推進していくために必須となる制度設計とガバナンス（統治），社会システムの在り方について述べる。第4部「持続可能な地域へ向けた実践と展望」では，持続可能社会を展開していくための基本的な単位が「地域」であるという認識のもとで，地域レベルからのサステイナビリティ・デザインを解説する。第五部「サステイナビリティ知識の構造化とシーズマップ」においては，サステイナビリティ問題を扱っていく上できわめて重要なコンセプトである知識の全体俯瞰と構造化を説明するため，オントロジー工学を用いた「サステイナビリティ知識の構造化」を紹介する。そのうえで，大阪大学が有するサステイナビリティ研究に通じるさまざまな研究シーズを

網羅し俯瞰整理した「シーズマップ」を提示する。最後に，今後大阪大学がサステイナビリティ・サイエンス研究の延長として取り組む予定である，ビジョン（マクロ）とシーズ（ミクロ）を結びつける中間領域（メゾ領域）の研究の必要性，フロンティアを説いている。以上，扱うトピックは多岐に渡っており，さまざまな学術領域を専門とする執筆陣で本書を作り上げた。

　日本おけるサステイナビリティ・サイエンスの学術的試みは，緒に就いたばかりである。ここで取り上げているサステイナビリティ・サイエンスの方法論，アプローチについてこれからさらに発展をさせていかねばならない。そして，なによりも，我々人類は，持続可能社会の形成を脅かす数多くの課題群に立ち向かっていくために，研究領域，業種，そして国家の壁を越えて英知を結集して取り組んでいかねばならない。大阪大学では，これまで実施してきたサステイナビリティ・サイエンスの研究教育の延長として「環境イノベーションデザイン」という研究課題を提唱し，あらたに2010年度より研究教育活動をスタートさせた。低炭素社会，持続可能社会といった社会のビジョンと，個別の科学技術シーズを戦略的につなぎ合わせることにより，社会転換を具体的に促していくための研究を進めていくことにしており，今後も大学として環境，サステイナビリティに関わる諸問題に取り組んでいく。

　本書が，持続可能社会の構築を支える，新しい超学的な科学としてのサステイナビリティ・サイエンスについて理解を深めていただく一助となれば幸いである。

馬場　章夫

第 1 部

サステイナビリティ・サイエンスの萌芽

第1部では、超学的な新しい科学として「サステイナビリティ・サイエンス」が登場してきた背景とその意義について整理し、大阪大学が進めてきたサステイナビリティ・サイエンス研究の特徴や枠組み、アプローチを提示する。

第 1 章
持続可能な社会の姿を科学的に，かつ，自由に描くという可能性

梅田 靖

1.1 はじめに

　本書を手に取られる方は，地球環境問題，もしくは，サステイナビリティ（持続可能性）という言葉は多少なりともご存知であろう。二酸化炭素などの大量排出により地球が温暖化する，石油がもうすぐ枯渇する，電気自動車，ハイブリッド自動車，液晶パネルなどのハイテク機器に必要不可欠な稀少資源が枯渇する，北極グマが危ない，などの話題により，このままでは，我々が生きている文明社会が，地球が危ないということは，いわば常識となりつつある。しかし同時に，「本当に地球が危ないのか？」「たとえ危ないとしてもどうすればよいのか？」「持続可能な社会というものがあり得るのか？」「社会全体を持続可能なものに変革することが本当にできるのか？」など，数多くの疑問がわき起こるのではないであろうか。

　我々もすべての答えを持ち合わせているわけではない。世界中の誰一人として，持続可能な社会の姿はこのようなもので，そこへはこうやれば到達できると示すことができていないのである。しかしだからこそ，そこには無限の可能性があり，白いキャンバスにさまざまな絵を描くことができるように，持続可能な社会の姿を誰でも思い描くことができるのである。ただし，そのためには道具が必要である。我々は，文系理系を問わずさまざまな学問分野を結集した「超学的」(transdisciplinary)な新しい科学，サステイナビリティ・サイエンスの構築に向けて動き始めている。サステイナビリティ・サイエンスは，地球の現状を正しく把握し，持続可能な社会の姿を描き，さら

にそれを実現することができる，科学的な唯一無二の道具となり得るものである。

本章では，サステイナビリティという考え方と，なぜサステイナビリティ・サイエンスが必要かについて議論する。

1.2 サステイナビリティという概念

「サステイナビリティ」という概念は，国連ブルントラント委員会の報告書「我らが共通の未来」(Our Common Future)[1] において提唱された「持続可能な開発」(Sustainable Development) という言葉により初めて明示された。それは，「将来世代のニーズを損なうことなく現在の世代のニーズを満たす開発」を意味する。逆にいえば，現在の世代のニーズを満たすことは，将来世代のニーズを損なうことにつながることが仮定されている。それは，空気，化石燃料，鉱物資源，水，土地など地球上のあらゆるものが，降り注ぐ太陽エネルギーを除くとすべて有限だからである。このことは，1972年にローマクラブの「成長の限界」[2] によってすでに指摘されてきた点であったが，産業革命以降人類の文明活動の規模が拡大の一途をたどり，有史以来無限と捉えても良かったほど大きかった地球環境に影響を与えるほどになったことが原因である。つまり，サステイナビリティの問題は，文明活動の規模と地球の規模の間の大小関係とその時間変化の問題である。さらに言えば，「持続可能な開発」という言葉の裏には，地球環境の維持を重視する先進国と，先進国並みの「幸せ」を追求する権利を主張する発展途上国の間の南北問題があり，それが「持続可能」と「開発」という本質的には相矛盾する概念をつなげた言葉を生み出したのである。

ではなぜ近年，環境問題解決ではなく，「サステイナビリティ（持続可能性）」という概念が注目されているのであろうか。その理由として三つ挙げられる。第一に，先に述べた文明活動の規模と地球の規模の関係に起因する問題が「科学的」に証明され始めたことである。この代表例は，二酸化炭素を始めとする温暖化ガスによる地球規模での気候変動に対する科学的な知見

である。これによって，持続可能性という問題を科学的に議論できるようになりつつある。第二に，これまでの環境問題といえば，汚水処理，大気汚染，公害など個別の問題解決を指向していた。しかし，持続可能性の問題は，このような個別問題解決の積み重ねではどうやら解けないかもしれず，温暖化問題，資源枯渇問題，食糧問題が複雑に相関しているように，複雑な問題を複雑な問題のまま解かなければならないということが徐々に明らかになってきた。この意味で，個別の問題解決を主体とした古典的な環境問題と問題の構造に違いがあることが，持続可能性問題の特徴である。そして第三に，これら二つの理由により，また，南北問題を内包しているという意味でも，世界の共通の問題として取り組まなければならないという認識が，持続可能性という「旗」にはある。端的に言ってしまえば，これまでの物質中心の豊かさを追求する限りは，世界のすべての人が豊かになることは地球の有限性から言って不可能であり，人類の幸福を別のアプローチから追求しなければならないということが共通認識となりつつあるのではないだろうか。このような地球の有限性の問題を吉川[3]は，「有限性仮説」と名付け，水の自然循環に代表されるように，資源，エネルギーなどあらゆるものが循環することによって動的な安定性を確保し，持続可能性を得る可能性を論じている。

　一方で，本章の冒頭に書いたように，持続可能性を達成した世界，持続可能な社会はどのようなものかは，依然として不明確である。我が国では，持続可能社会は，地球温暖化を防止する低炭素社会，資源を有効に活用する循環型社会，生物多様性を確保し，豊かで多様な自然を維持する自然共生社会の三つが成立した社会であると言われている。これは，持続可能社会の要件を明示している点で有効であるが，どのような状況でこの三つの制約条件を充足できるのかはまだまだ今後の課題である。まさにこれが，先に述べた，複雑な問題を複雑なまま解くということの難しさである。

　我々は，東京大学がリーダーを務めたサステイナビリティ学連携研究機構（IR3S, Integrated Research System for Sustainability Science）というプロジェクトの下で，大阪大学のサステイナビリティ・サイエンスを追究してきた。

第1章 持続可能な社会の姿を科学的に，かつ，自由に描くという可能性

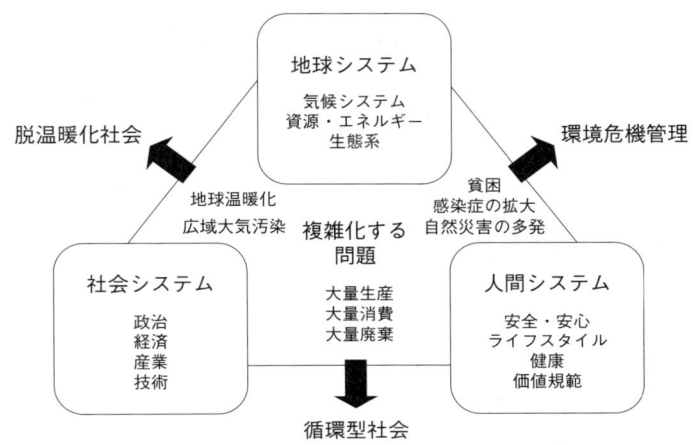

図1-1 地球・社会・人間システムとその相互関係[4]

IR3Sでの議論を簡単にまとめる[4]と，持続可能性とは結局のところ，地球でもなく，自然でもなく，生物の種としての人類でもなく，これらの持続を前提とした上での「文明の持続」のことであり，図1-1に示す「地球システム，社会システム，人間システムとそれらの関係性において破綻がもたらされつつある状況をサステイナビリティの危機」と捉えている。つまり，この図の各システム，および，その相互関係を地球の許容量の範囲内に収めることが，本書が目指す持続可能性なのである。

1.3 サステイナビリティ・サイエンスがなぜ必要か？

よほどのことがない限り地球環境を悪化させたり，持続可能性を損なうような行動を意図的にとったりすることはないし，それを目的とした科学（脚

（脚注1） ここでいう「科学」は，数学，物理学といった古典的な意味でのサイエンスのみならず，社会科学，人文科学，工学，医学といった「〇〇学」と呼ばれる学問体系の総称として用いる。

注1）というのも存在しない。しかし，持続可能性という概念がそもそも存在しなかった過去において，もしくは，持続可能性を意識していなかったり，意識していてもそれとの関係性を把握できなかったりする状況の中で，それぞれの主体（個人，企業，公共機関，政府など）がそれぞれの目的達成に向けて行動したことの総体として，地球の許容量を越えつつあることが持続可能性の問題を引き起こしている。サステイナビリティにかかわる学問分野は非常に多岐にわたり，問題の広がりを見渡すことさえ難しい[4]と言われている。この面から見ると，持続可能性という概念に人類が気付くまでに次の三段階があったと考えられる。

　第一の段階では，サステイナビリティという制約を考えない場合のある種の最適な社会形態としての大量生産・大量消費・大量廃棄が支配的になり，それが地球の有限性に到達した。そして，第二の段階が，図1-1に示したサステイナビリティの危機がさまざまな形の環境問題として世の中に現れてきた状況に対して，個別問題解決で対処しようとしていた段階である。この段階における困難さは，それぞれの問題に対してモグラ叩きのように個別的に問題解決を図ることに終始しているという現状にある。このため，個別対応と全体目標（持続可能性の実現）の関係性の先行きが見えづらく，現状の社会の仕組みの中で何らかの無理（経済性，労力，ライフスタイルなど）が生じる。さらには，個別問題解決に終始して，一段階広い視野から見ると副作用，悪影響を他に及ぼすがそれが見えない，もしくは，複数の相矛盾する個別問題のどちらをとれば良いかという問題が発生してしまい，その選択問題に対して答えがわからないという状況が起きてしまう。そして第三段階が，サステイナビリティの問題の総体として解決を図る段階であり，現在，その段階に入りつつあると考えられる。このとき，サステイナビリティの問題に立ち向かうための道具立てとして，従来の学問体系だけでは足りず，逆に，従来の学問体系を上手く持続可能性の実現に向けて活用できるような超学的な新しい科学が必要であると考えられる。

　サステイナビリティの問題に対処するためには，従来の古典的な科学は二つの点，すなわち，領域科学と分析科学という点において，足りないところ

がある。領域科学というのは，要素還元主義とも呼ばれるが，理論を作る際に，考える対象範囲である領域を絞り，できるだけ単純な要素とその関係の法則によってその領域における現象をできるだけ多く説明しようとする考え方である。こうすると，理論を精緻にしようとすればするほど，領域が細分化され，より沢山の独立した領域科学が生成される。そして，領域を細分化するほど研究の生産性が上がるのである[3]。しかしその結果，領域間にまたがる複雑な問題が見えなくなり，「全体観」というものを失ってしまうのである。

たとえば，物理の問題として，ボールを投げた時の到達距離を計算する場合は，ボールが地面と衝突することによるボールの摩耗など考えない。これは別の物理の問題である。しかし，繰り返しボールを投げるとボールは確実に摩耗してゆく。非常に単純なアナロジーでいえば，化石燃料枯渇対策，温暖化対策として，再生可能エネルギー源としてトウモロコシの大規模プランテーションを繰り返し行えば，土壌がやせて行くという点で同じことが起きている。一方で，ある現象にかかわるすべての事象を記述し切ることはできない。これは，知識工学の分野では，「フレーム問題」と呼ばれている。そのため，一般に問題を解くときには，影響を与えない現象を無視して，適当な近似や単純化を行い，解ける問題にするのである。だから，ボール投げの問題の時にボールの摩耗を考えない。サステイナビリティの問題でいえば，領域の細分化が進展するにしたがって，サステイナビリティの全体像が見えないという課題が発生する。同時に，全体像を見るための道具立ては何か，どこまで見れば良いのか，という問題が生じてしまう。

もう一つの分析科学というのは以下のような議論である。科学は基本的にあるものを分析し，その真実の姿を解明することを志向する。逆に，技術は，何か役立つものを創り出すことを最終目的としていると言われている。このとき，分析の方が学問の生産性が高いため，学術分野一般において，分析科学が大きな割合を占めるに至っている。しかし，サステイナビリティ・サイエンスは，その使命として，持続可能な社会を実現することを掲げている以上，分析に終始する（たとえば，このままでは2050年に地球の平均気温

は○度上昇する，原油は20XX年に枯渇する）だけでなく，社会の中での行動し，ものの作り方を変え，制度やライフスタイルを変え，さらには人々の価値観を変える必要がある．これによって，大量生産・大量消費・大量廃棄という社会の基本的な形を変えて，温暖化問題や資源・エネルギー問題を解決する，すなわち，図1-1に示した地球システム，社会システム，人間システムの関係性の破綻を回避し，修復するのである．

　以上に述べてきたように，サステイナビリティ問題を解決するためには，従来の個別問題解決，領域科学，分析科学を越えて，サステイナビリティの問題の総体を認識し，行動に結びつける超学的な新しい科学の構築が必要となっているのである．サステイナビリティ問題の全体像をあるがままに俯瞰的に捉え，全体観と部分問題解決を行き来しながら，地球・社会・人間システムをあるべき姿を描き，それに向けた変革のための行動をとり続けるしか手が無いのである．その科学的裏付けを与えるサステイナビリティ・サイエンスが必要となる．しかし，これは非常に難しい．サステイナビリティ・サイエンスに対する我々の試みを第2章以下で紹介することにしよう．

参考文献
1) 環境と開発に関する世界委員会編（1987）『地球の未来を守るために』，福武書店．
2) ドネラ H. メドウズほか（1972）『成長の限界』，ダイヤモンド社．
3) 吉川弘之（1993）『テクノグローブ』，工業調査会．
4) 小宮山宏編（2007）『サステイナビリティ学への挑戦』，岩波書店．

第 2 章
大阪大学サステイナビリティ・サイエンスの研究アプローチ

梅田 靖

2.1 はじめに

　サステイナビリティ・サイエンスの構築に向けて，第1章で述べたように2005年度にIR3S（Integrated Research System for Sustainability Science）プロジェクト[1]が発足し，2006年度から大阪大学が参画し，2009年度に終了した。この間，大阪大学全学組織であるRISS（サステイナビリティ・サイエンス研究機構，Research Institute for Sustainability Science）[2]を立ち上げ，RISSを中心にサステイナビリティ・サイエンス研究を推進した。これまでを第一期としてその後，2010年度からCEIDS（環境イノベーションデザインセンター，Center of Environmental Innovation Design for Sustainability）に発展して，第二期の活動を開始している。本章では，大阪大学がRISSでこの「サステイナビリティ・サイエンス」に対して，第一期（2006～2009年度）にどのようなコンセプトで取り組んだかを紹介する。

2.2 サステイナビリティ・サイエンスの特徴

　第1章で述べたように，サステイナビリティ問題の解決に向けて，IR3Sが提唱するサステイナビリティ・サイエンス[1)3)]は，地球・社会・人間システムの相互関係を地球の許容量の範囲内に収めることにより，持続可能性を獲得，維持，向上することに貢献することを最終目的にしている。そのキーワードは，「理解」と「行動」であり，それを同時に追求することがサステ

イナビリティ・サイエンスの使命である．理解とは，サステイナビリティに関する全体観，とくに，複雑でトレードオフ関係（互いに並立しない関係）が絡み合う「地球・社会・人間システム」全体の相互関係を明確に理解することであり，問題認識力，およびその基礎として従来の分析科学を組み合わせて活用することがきわめて重要である．行動とは，科学的知見を問題解決，すなわち，サステイナビリティの実現に一歩でも近づくことに結びつける行動を起こすことであり，さまざまなアウトリーチ活動（一般向けの研究成果公開，成果普及活動，および，それに対する反響の獲得活動），教育活動，社会実験，制度設計などを必然的に含んでいる．つまり，理解に留まっていた従来の科学を一歩進めて，社会ニーズを把握し，問題構造を理解した上で，行動し，その結果引き起こされる社会の変化を評価し，また改めて社会ニーズを把握し，という行動のサイクルを構築することがサステイナビリティ・サイエンスのいう「科学」なのである．そこには，科学と工学，人文社会科学と自然科学の境目はなく，種々の科学を総合して行動に結びつけなければならない．これが，「超学的」科学の意味なのである．

2.3　大阪大学サステイナビリティ・サイエンスのアプローチ

　前節で述べたサステイナビリティ・サイエンスに対して，大阪大学 RISS はどのようにアプローチしてきたのであろうか．

　大阪大学のサステイナビリティ・サイエンス研究は，2009 年度までの第一期の間，「エコ産業技術による循環型社会のデザイン」をスローガンとし，図 2-1 が示すように，①資源循環により環境負荷を極小化する社会の像とそこへ到達する道筋のデザイン，②エコ技術と産業エコロジーとが共鳴する都市地域システムのデザイン，③低負荷・超高効率のものづくり技術のデザイン，④持続可能な環境社会構築の制度デザイン，⑤環境技術開発を促進する制度のデザイン，⑥サステイナビリティ・コミュニケーションのデザインなどの研究テーマを掲げた．

　本書は研究成果について述べるのであまり触れる機会がないが，図 2-1

第2章　大阪大学サステイナビリティ・サイエンスの研究アプローチ

```
┌─────────────────────────────────────────┐
│   現在から将来への転換シナリオとロードマップの提示   │
└─────────────────────────────────────────┘
                    ↓
┌─────────────────────────────────────────┐
│     エコ産業技術による循環型社会のデザイン       │
│  技術的課題を制度面の課題や評価指標（サステイナビリティ指標）│
│  を含めて明確化し，解決して行く研究戦略のデザイン（研究開発の│
│  優先順位付け）                          │
└─────────────────────────────────────────┘
                    ↓
┌─────────────────────────────────────────┐
│ ①資源循環により環境負荷を極小化する社会の像とそこへ │
│   到達する道筋のデザイン                   │
│ ②エコ技術と産業エコロジーとが共鳴する都市地域シス │
│   テムのデザイン                         │
│ ③低負荷・超高効率のものづくり技術のデザイン    │
│ ④持続可能な環境社会構築の制度デザイン        │
│ ⑤環境技術開発を促進する制度のデザイン        │
│ ⑥サステイナビリティ・コミュニケーションのデザイン │
└─────────────────────────────────────────┘
                    ↓
┌─────────────────────────────────────────┐
│  人材養成（若手研究者養成，大学院教育プログラム）   │
└─────────────────────────────────────────┘
```

図2-1　エコ産業技術による循環型社会のデザイン

に示すように RISS では，教育活動も研究活動と同等かそれ以上に力を入れて実施した。教育活動においては，RISS に参画する大学院生や研究員・教員がサステイナビリティ・サイエンスの研究活動に参画することを通じた若手研究者養成に加えて，大阪大学大学院の全研究科に所属する学生を対象として大学院高度副プログラムを提供している。この副プログラムを修了した学生に対して IR3S 参加大学との連携によってサステイナビリティ学の共同修了認定証を発行している。これは第二期以降も継続しており，さらに，2010年度からは全学部の一年生を対象とした先端教養科目「サステイナビリティ学入門」を開講している。

　第一期における大阪大学のサステイナビリティ・サイエンス研究のキーワードは，「循環型社会」，「シナリオ・評価」，「アジア地域」，「デザイン」，

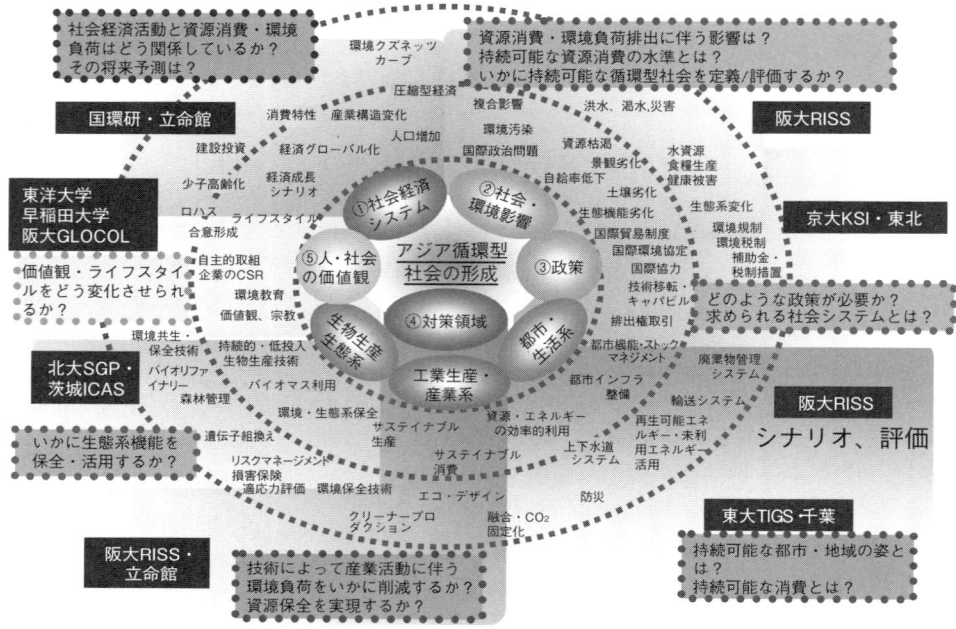

図 2-2　IR3S のサステイナビリティ・サイエンスにおける大阪大学の位置づけ

そして,「知の構造化」である.

2.3.1　循環型社会

　循環型社会とは,3R,すなわち,リデュース(資源使用量の削減や製品の長寿命化),リユース(製品や部品の再使用),リサイクル(資源の再利用やエネルギー回収)などによって,社会システム全体としての資源やエネルギーの使用量,廃棄物量の削減を目指すことを指す.これは,第1章図1-1で示した「地球・社会・人間システム」の中で,社会システムと人間システムの関係性としての大量生産・大量消費・大量廃棄という社会の基本的な形を変革し,持続可能性の達成を目指すものと位置づけられ,この意味で,サステイナビリティ・サイエンスの中核的な課題の一つである.図2-2に,IR3Sプロジェクト全体のキーワードとその中での大阪大学RISSの位置づけを我々が整理したものを示す.この図が示すように,IR3Sに参画した諸機関の総体として,図1-1に示したサステイナビリティの課題の全体をカバーする構成となっている.

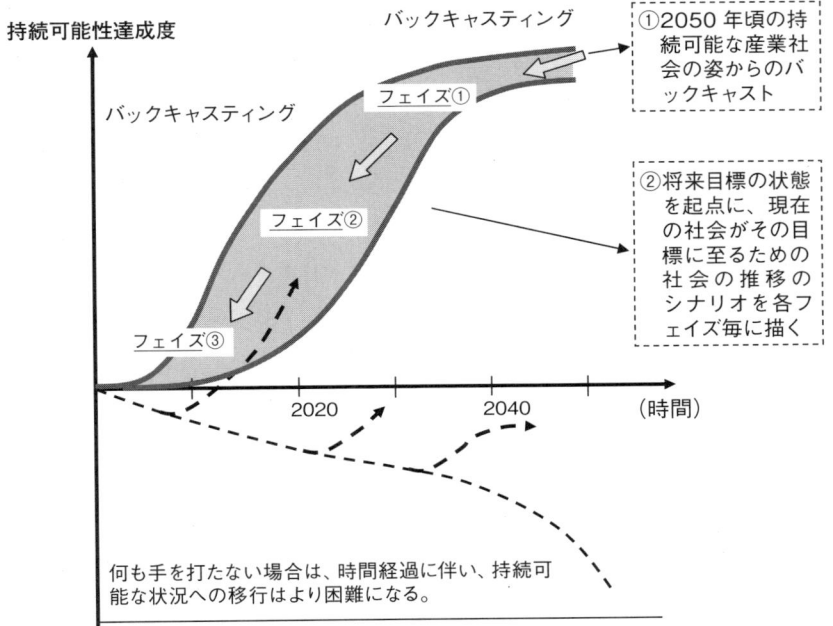

図2−3 持続可能社会からのバックキャストによる科学技術の誘導を図るサステイナビリティ・サイエンス

2.3.2 シナリオ・評価

　持続可能な社会システムを構築するためには，資源・エネルギーの消費の質と量を大幅に革新する必要がある。そのためには個々の科学技術の発展・応用だけでなく，現在の単なる延長線上にない社会システムのデザインを描く必要がある。その方法として我々は「シナリオ・アプローチ」を取った。つまり図2-3に示すように，理想的な未来社会像と，そこからの逆照射（バックキャスティング）により，社会経済システムを含めた要素技術・対策を学際的に統合する移行過程の経路をデザインすることにより，主テーマであるアジア地域の持続可能な循環型社会に向けたシナリオ（将来像と移行過程の経路を統合化したストーリー）を描く。このシナリオを描くプロセスを通じて，図2-3の縦軸に当たるサステイナビリティ評価指標の在り方，持

続可能なアジアの条件，および，サステイナビリティを実現するための具体的な目標を明らかにする。

2.3.3　アジア地域という視点

第一期の RISS では，サステイナビリティ・サイエンスの特徴である視点の多様性が現出する土俵として，人々の暮らし，文化，産業，人工物の製造・使用・廃棄，制度など多様なモノとコトが重なり合っているシステムのとしての「地域」を設定した。それもとくに，日本を含むアジア地域を対象とした。その理由は，世界の発展の中心であり，それゆえ，地球全体のサステイナビリティに大きな影響を与える地域としてのアジア，西欧中心主義ではないアジア的なサステイナビリティの可能性の追求，アジアの都市の古典的イメージとしての，自然と共生し，水の循環で支えられた都市としてのアジア都市を念頭に置くからである。

アジア地域を対象とした具体的な研究の進め方として，IR3S の複数の大学で共同研究を実施した（幹事校：大阪大学，副幹事校：北海道大学）。図2-4にこの共同研究のフレームワークを示すが，主要なテーマを三つ設定した。第一は，「アジアにおける循環型社会形成のためのグランドデザイン」である。ここでは，アジア諸国における循環型社会形成に関する取り組みを調査し，それを基に循環型社会形成のための中長期シナリオを構築し，評価した。第二は，「循環型社会への移行を多面的に測りとる評価システムの開発」である。このテーマでは，既存の指標群とそれらの制度上の利用実態について調査し，さらには，アジアの地域の自然の多様性，産業特性，資源特性を考慮したうえで，循環型社会への移行を技術，社会，自然などの諸側面から多面的に測りとる指標体系を開発した。この指標体系に基づいて，循環型社会の形成に関する課題群に対して統合的に解を提供することができる評価システム（指標体系，評価方法等）を提案した。そして第三に，「循環型社会形成に関する実践・研究・教育ネットワークの形成とキャパシティ・ビルディング」である。ここでは，国内外の学術機関，教育機関のネットワークを形成し，アジアの循環型社会の形成を議論するための横断的プラット

Ⅰ. アジアにおける循環型社会形成のためのグランドデザイン
(1)アジア諸国における循環型社会形成の取り組みに関する調査（国家間、国、地域、企業スケール等）
(2)循環型社会形成のための中長期シナリオ研究
(3)統合的な研究枠組みの提案

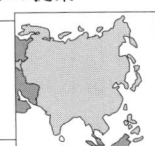

Ⅱ. 循環型社会への移行を多面的に測りとる評価システム開発
(1)既存の指標群とそれらの制度的埋め込み実態についての調査
(2)将来的な循環型社会システムにおけるフィードバック機能のあり方についての研究（法制度、経済、情報、教育等）
(3)部分最適と全体最適の調整、トレードオフの調整に資する統合的な評価システム（指標群、評価方法、活用方法等）の提案

Ⅲ. 循環型社会形成に関する実践・研究・教育ネットワークの形成とキャパシティ・ビルディング
(1)ネットワーク形成のための横断的プラットホーム構築（場づくり）
(2)循環型社会形成に関する実践・研究・教育の情報基盤の整備
(3)経験と知恵の共有から問題発掘と問題解決を支えるキャパシティ・ビルディングに向けた提案

図2-4　アジアにおける循環型社会研究のフレームワーク

フォームを構築した。

2.3.4　アクションとしての「デザイン」という視点

「行動」はサステイナビリティ・サイエンスの必須要件である。我々は科学を「行動」に結びつけるために，分析科学，評価，要素技術開発の枠に留まらず，アジアの循環型社会のシナリオをデザインするという立場に立っている。デザインとは，分析，評価を主眼とする「アナリシス」と，要素技術を組み合わせて今までにない新しいモノやシステムを作り出す「シンセシス」を包含する概念であり，デザインによって多様な領域科学をサステイナビリティに向けて重ね合わせ，超学的なサステイナビリティ・サイエンスの現出を狙っている。このとき文理融合の視点から，デザインの対象は，モノやエネルギーシステムだけではなく，制度設計，暮らしのデザインなど，地域にかかわる多様なモノとコトを対象とする。

2.3.5 サステイナビリティ・サイエンス確立に向けた第一歩としての「知の構造化」

サステイナビリティ・サイエンスという超学的な学問は提唱されたばかりである。そこで我々は，まずは，サステイナビリティ問題の全体像を明らかにする第一歩として，サステイナビリティにかかわる多様な分野をつなげる「知の構造化」を，一つの取りまとめの方法とした。詳細は第5部に譲るが，知の構造化の方法として，サステイナビリティにかかわる概念（言葉の意味）を分野横断的に整理するアプローチを取ることにした。

以上の2.3.1から2.3.5までのテーマについて，RISSでは，図2-5に示す構造でサステイナビリティ・サイエンス研究を進めた。この図は次のような三層構造の研究活動を示している。まず，研究の主対象の中心層として「アジア地域における循環型社会」があり，「将来シナリオ作成」，サステイナビリティの「評価システム構築」，「サステイナビリティ学の知の構造化」に向けて研究を推進した。第二層において，この研究活動は，たとえばエコ・エネルギー，生産プロセスなどのエコ・プロセス，エコ・デザインといった技術開発課題，将来シナリオ作成手法，制度設計，イノベーションを駆動するメカニズムの研究などの社会システムのデザインにかかわる分野と深く協調しながら，文理融合，文理横断，超学的に推進した。そして第三層目は工房である。RISSは，サステイナビリティ・サイエンスに関するプラットフォーム機能を目指していた。つまり，RISSですべての研究活動を自己完結して実施するのではなく，RISS本体は主として上に述べた五項目についてビジョン志向で研究を進めることによって目標設定，研究テーマ設定に注力し，一方で，具体的な研究課題については，全学の研究者，さらにはIR3Sの参画機関の研究者と協調して適切な研究グループを構成して実施し，その成果をRISSの研究活動にフィードバックする，というものである。このテーマに応じて柔軟に構成する予備的な研究グループをRISSでは「工房」と呼んだ。実際，第一期活動中，延べ約25の工房が立ち上がり，RISSの支援の下に図2-5の中のサブ研究課題について活動を行い，多数の研究

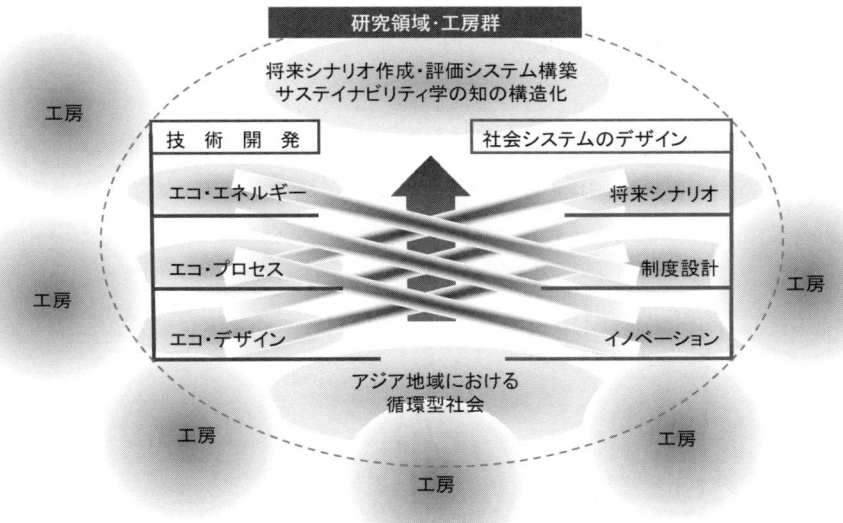

図 2-5 大阪大学サステイナビリティ・サイエンス研究の基本構成

プロジェクトに結びついた。

　以上のような，目標設定，研究組織で実施した第一期活動であったが，研究面での主な成果は本書の第 2 部以降に次のように述べられている。

1. アジアの循環型社会のシナリオ作成（第 2 部第 3 章）
2. サステイナビリティ評価（第 2 部第 4 章）
3. 社会変革を引き起こすための道具立てとしての，イノベーション駆動メカニズム（第 2 部第 5 章）と制度設計（第 3 部）
4. サステイナビリティ実現に向けた地域のデザイン（第 4 部）
5. 「サステイナビリティ」の知の構造化（第 5 部）：特に，知の構造化の実践として，大阪大学におけるサステイナビリティに貢献するシーズ研究を「サステイナビリティ・シーズマップ」として整理した（第 5 部第 14 章）

　結果として，サステイナビリティ・サイエンスという視点に立つことによ

り，地球・社会・人間システムとしてバランスの良い，低炭素社会と両立するような循環型社会の姿を描くために必要な事項を整理することができた．今後はそれを詳細化，具体化すると同時に，実践していかなければならない．これが大阪大学サステイナビリティ・サイエンス研究の第二期活動の主眼である．そのためには，駆動力としてシーズ研究が必要となる．すなわち，サステイナビリティ・サイエンスの特性の一つである「デザイン」力，「行動」力を高めるために，全体的俯瞰像とシーズ研究をメゾレベルを介してつないで行き，これを武器に社会実践を始める．この第二期活動の戦略については，「終章」で述べる．

参考文献

1) http://www.ir3s.u-tokyo.ac.jp/.
2) http://www.riss.osaka-u.ac.jp/jp/index.html.
3) 小宮山宏編（2007）『サステイナビリティ学への挑戦』，岩波書店．

第2部

持続可能社会を導く
シナリオ・評価・
イノベーション

持続可能社会を形成していくためには、将来のビジョンやシナリオの構想を明確にし、さらに持続性に対する客観的評価を実施することによって、具体的な社会変革とイノベーションを誘導することが鍵となる。第2部では、これらサステイナビリティ・サイエンスのコアとも言うべき「将来シナリオ」「評価システム」「イノベーションと社会変革」について具体例を示しつつ議論する。

第2部　持続可能社会を導くシナリオ・評価・イノベーション

第 3 章
アジア地域の産業セクター将来シナリオを考える
―中国・長江デルタ地域の事例―

原　圭史郎

3.1　存在感を増すアジア：急激な経済発展と環境問題

　アジア地域では，都市化と産業化が目覚ましい勢いで進行している。国連の統計によれば，2005年ごろを境に世界中の農村人口数と都市人口数が逆転したとされ，この都市化現象はアジア地域において顕著となっている。また，産業化も急速に進んでおり，中でも製造業を中心とした産業活動が世界の経済成長を牽引している状況である。都市化と産業化が同時並行で進む中，経済成長とともに人々のライフスタイルにも大きな変化が現れてきた。そして，活発化する生産活動あるいは消費活動が，この地域での資源・エネルギー消費量の増大や，大気汚染・水質汚濁などといった環境汚染問題の拡大に拍車をかけている。一方で，アジア地域の都市の中には，これら環境汚染に対処するために必要となる社会基盤（たとえば，下水道インフラや廃棄物処理システム）が充分に設置されてないところも多く，汚染の拡大やそれに伴う健康被害などが深刻な問題となっている。

　世界の中での，人口や経済の相対的な規模や，今後も予想される資源エネルギー消費量の増加などに鑑みたとき，国際社会におけるアジアの存在感は高まる一方であることは予想に難くない。別の言い方をすれば，今後アジアがどのように持続可能な発展の道筋を描き，いかに実現を図っていくかが地球規模でのサステイナビリティを展望する上でも重要な意味をもつといえるのである。

　アジアの中でも特に経済発展が著しい中国に目を向けてみよう。中国にお

ける活発な経済活動，特に製造業の発展の状況については周知のとおりであるが，たとえば，鉄鋼生産量は 2000 年比で 2008 年には約三倍に，セメントの生産についても同期間に約二倍に増加している。セメントや鉄鋼業などの「エネルギー集約型」産業は，製造工程におけるエネルギーの消費量が非常に大きいことが特徴である。これらエネルギー集約型産業は，旺盛な国内需要の後押しを受け，今後もしばらくは成長を続けていくと予想される。とりわけ，セメントや鉄は，都市基盤（各種のインフラや住居・オフィス等）の整備に必須の材料であることから，都市化の進展に呼応する形でこれらの製品に対する需要は増えていくことになる。実際，中国の過去のデータからも，都市化とこれらの製品への需要増加との強い相関があることが分かっている[1]。そして，これらの需要の増加が意味するところは，製造工程で消費される資源・エネルギー量も増大していく，ということに他ならない。中国では，いずれ人口のピークが訪れて少子高齢化社会を迎えると予測されていることから，中長期的には需要が鈍化し，資源エネルギー消費量の増大や環境負荷の悪化に歯止めがかかる，というシナリオも充分に考えうる。しかしながら，中国における生産活動の規模に鑑みたとき，省エネルギー・省資源型の産業システム・産業社会を築くことは待ったなしの課題であることは明白である。

　本章では，グローバルステージにおいて存在感を増すアジア地域の中でも，急激な成長を遂げている中国の長江デルタ地域を具体例として，産業セクターの持続可能性とその将来シナリオについて考えてみたい。まず，不確実性を伴う将来社会を柔軟に描く「将来シナリオ」アプローチの意義や方法論について触れたうえで，中国が現在推し進める「循環経済」政策を概観し，長江デルタ流域の中心都市である上海市および江蘇省のエネルギー集約型産業セクターについて，その将来シナリオや，今後の持続可能な発展の展望を考える。

3.2 不確実な未来に対して準備を行う─将来シナリオの意義

3.2.1 シナリオ作成の意義とアプローチ

　将来の社会像を描写したり，あるいは予測を立てたりする際には，常に「不確実性」という問題に直面することになる。さまざまな課題や現象に対して，幅をもった形で複数の将来シナリオを描くことにより，この「不確実性」を内包する未来社会に対して戦略的に対処していくための有効なアプローチが，将来シナリオ研究やシナリオプランニングである。環境エネルギーにかかわる諸問題についても，このシナリオアプローチやシナリオ研究が取り入れられている。たとえば，気候変動に関する政府間パネル（IPCC）による SRES（Special Report on Emissions Scenarios）では，温室効果ガスの影響を分析するうえで複数の社会シナリオを提示している[2]。国際エネルギー機関（IEA）が編集している「World Energy Outlook」においても，将来の世界各国のエネルギー利用・消費に関連し，政策介入の方策に応じて複数のシナリオを提示し，エネルギー市場への影響等について議論を行っている[3]。将来シナリオアプローチは，これら以外にも地球規模の水問題（World Water Vision），エコシステム（Millennium Assessment Report）等，さまざまな環境問題に適用されている。将来・未来の社会経済状況について柔軟に状況把握を行いつつ，温暖化問題やエネルギー問題などの複雑な課題に対して，解決のために必要となる技術群あるいは制度設計を考慮するうえで，シナリオアプローチは有効な手段の一つであると考えられている。

　木下ら[4]は「シナリオプランニングは，先の見えない未来に対して，いまの意思決定をサポートしてくれるためのプロセスである」と述べている。また，このシナリオプランニングのメリットの一つとして「変化への認識力と対応力を高めることができる」ことを挙げている。すなわち，確実に起こりうる未来を描ききること自体が目的なのではなく，むしろ，関与するさまざまなステークホルダー（利害関係者）が，未来像・シナリオの描写を行うプロセスの中で，不確実性を内包する未来社会に対する認識を醸成し，問題対

処のための準備を柔軟に行う過程にこそ，シナリオ作成の本質的な意義があることを指摘している。

　先に述べたように，地球規模の環境問題に関してさまざまな形で将来シナリオの作成・検討が進められているが，シナリオを作成する目的，作成手法・アプローチ，シナリオの表現形式はケースごとに一様でない。一般には，シミュレーションなどを適用した定量的シナリオおよび定性的（あるいは叙述的）シナリオを組み合わせることで，将来の状況とそこに至るまでの道筋を描写することが多い。また，シナリオ研究においては，現在からみて将来までの道筋を描くという「フォアキャスティング型」と，現在の延長上に未来シナリオを描くのではなく，望ましい社会像・シナリオを大胆に描ききり，そこから現在を逆照射（バックキャスト）して，今現在と，設計されたシナリオとを結ぶ道筋を具体的に把握するという「バックキャスティング型」との二つがあるとされている。シナリオ作成の目的に応じてこれらの方法や表現形式を柔軟に使い分けることが重要である。

　たとえば，温室効果ガスの大幅な削減を実現していくことが求められる低炭素社会形成のケースについて考えてみると，将来ビジョンあるいは具体的な目標点（たとえば，1990年比で2050年までに温室効果ガス排出量を70％削減，など）を設定し，政策立案や社会構造の転換のための具体的行動に結び付けることが主眼となることから，このケースではバックキャスティング型のアプローチがより有効であると考えられる。このアプローチの特徴は，描写された将来シナリオ，あるいは未来社会のあるべき姿（ゴール）に向かっていくために，今後必要となる技術群や制度設計を含む「道筋（ロードマップ）」を具体的に描くことを可能とする点にあるといえる。日本の低炭素社会シナリオ2050[5]では，このバックキャスティングアプローチを採用し，1990年比で2050年までに70％の温室効果ガスを削減することを具体的なゴールとして掲げ，目標達成にむけて今後取るべき対策群を具体的に抽出している。

3.2.2　将来ビジョンと評価システムの融合

「持続可能社会」を構築する上では、低炭素社会の実現が重要な要素の一つであるのは論を俟たないが、他にも解決すべき政策課題は多い。循環型社会の構築や、生態系の保全、さらに、社会的な観点も含めて考えれば貧富の格差の是正や、地球規模での南北問題の緩和、などさまざまな課題に目を配る必要がある。また、これらの課題は複雑に関係し合っているために、全体を俯瞰し各要素間のつながりを把握することがサステイナビリティ・サイエンスにおいては重要となる。このようにさまざまな要素がからむ「持続性」「持続可能社会」の観点から将来シナリオを考える場合には、持続可能社会への移行を包括的に評価するための指標体系を構築し、シナリオ作成に応用することも重要となる（脚注1）。シナリオと評価システムとを一体的に運用することによって、我々が目指すべき持続可能社会への距離や道筋をより具体的に、あるいは定量的に議論できるようになる。

持続可能な地域づくりに関する将来ビジョンづくりと、包括的な評価システムの開発を自治体独自で進めたケースとして特筆すべきは、アメリカ・シアトル市で取り組まれたサステイナブル・シアトルの事例である。シアトル市では、1992年に地元の住民からなる委員会を組織し、シアトル市が考える持続可能な社会を定義付けし、「持続可能なシアトル市」を評価するための指標群を抽出している[6]。地元住民・ステークホルダーが直接かかわりながら、持続可能社会ビジョンを描きだし、指標づくりと一体的に進めてきた非常に重要な事例であると言えよう。

3.3　中国の政策目標と社会の方向付け

3.3.1　資源エネルギー消費の増大と循環経済

将来シナリオ研究をより具体的に議論するために、ここでは中国の長江デルタ流域の産業セクターをケーススタディとして取り上げる。長江デルタ流

（脚注1）　次の4章において、持続可能性を包括的に測るための指標・評価システムの考え方と実例についてより詳細に述べている。

域とは，上海市，江蘇省の南部，浙江省の北部の全16都市にまたがった地域であり，中国内で最も経済成長が著しい地域の一つとされている。この地域を形成する行政地区の1つである江蘇省に着目してみよう。この地域では，たとえば鉄鋼生産量については，1997年から2007年の10年間で，475万トンから4,721万トンへと約十倍に増加し，またセメント生産量についても同時期に約三倍に増えている[7]。産業活動，とくに製造業の成長がいかに著しいかが理解できるだろう。長江デルタ地域については都市化も著しいペースで進んでいる。1990年から2000年の10年間に，耕地から都市部へと変化した土地面積はおよそ3,300平方キロメートルにも及ぶ[8]。大阪府の面積がおよそ1,898平方キロメートルということであるから，いかに土地の改変が急激に進んでいるかが想像できるだろう。このような社会経済状況を背景に，鉄鋼やセメントなどの製品に対する需要が増大し，その結果として，地域の資源エネルギー消費量の拡大が進む，という構図になっている。

　長江デルタ地域を含む大陸沿岸部の急激な経済発展，あるいは都市化の進行を受け，中国では近年，資源枯渇や環境汚染問題，そしてエネルギー消費の増大が，国家の持続可能な発展に対する脅威としてとらえられるようになってきた。政府は，第11次5カ年計画（2006〜2010年期）の中で，経済成長に伴い顕在化してきた資源・エネルギー消費量の増大や環境汚染といった深刻な課題を克服するために，環境保護と持続的な資源利用の重要性を謳っている。とくに，「循環経済」の推進を，持続可能な発展のための重要な柱と位置付け，2009年1月には「循環経済促進法」を施行した。具体的には，資源生産性（一単位の生産を生み出すために必要な資源投入量）および環境効率性を高め，同時に人びとの生活の質を向上させていくことを政策目標としている。ただし，後述のように，資源・エネルギーの絶対量にキャップをかけるのではなく，あくまで経済活動の中での資源・エネルギー消費の効率性を高めることを政策課題としている点は注目に値する。

　この「循環経済」については，具体的に促進していくために，以下の3レベルに分けたアプローチが取り入れられている。

　・小循環：クリーナープロダクションの推進など企業レベルでの取り組

第 2 部　持続可能社会を導くシナリオ・評価・イノベーション

み
- 中循環：企業からの副産物の相互活用など生態工業園区や地区レベルでの取り組み
- 大循環：グリーン消費／購入の推進や廃棄物の分別収集の推進など，社会や地域や社会レベルでの取り組み

　日本においては，都市内の各種産業から排出された廃棄物を新たに他の分野・産業の原料として活用することで，廃棄物発生量をゼロ近づけることを目的とするゼロエミッション構想を推進するため「エコタウン事業」が展開されているが（脚注2），上記の中では「中循環」がこれに近い考え方だといえる。実際，中国では生態工業園区（エコインダストリアルパーク）が複数箇所指定され，その中で中循環レベルにおける循環経済が積極的に進められている。

3.3.2　エネルギー消費の効率化と政策目標

　資源消費に加えて，産業化や人びとのライフスタイルの変化に伴うエネルギー消費の増加についても，中国の持続的な成長を脅かすきわめて重大な課題として認識されつつある。中国政府は，エネルギー効率を表現する指標である「エネルギー強度（Energy Intensity）」（単位 GDP 当たりのエネルギー消費量）について，2005 年から 2010 年の間に 20％改善することを具体的な政策目標として設定した。また，2000 年を基準年として 2020 年には 50％改善する，という中期目標も設定している。先に述べたようにエネルギー消費量の総量ではなく，エネルギー消費の効率性を表す指標が選択されているのである。今後も国家全体での経済成長（GDP の増加）が見込まれており，大幅なエネルギー消費量の増加を避けられない状況であることに鑑みれば，総量ではなく，エネルギー消費活動の質，すなわち効率性の向上を政策目標と

　（脚注2）　1997 年の事業開始以来，2006 年までの間に，全国で 26 ヵ所 56 施設がエコタウンとして政府より認定を受けており，それぞれの事業所で特色のある廃棄物再資源化が進められている。

して採用した，という解釈もできる。いずれにしても，具体的な指標と目標値を設定し，省エネルギー社会の構築を強く意識した国家の意思を示したことは，中国が今後省エネルギー型の社会へと構造転換をしていくための一つの大きな駆動力になりうるだろう。

このように，国家レベルで循環経済の推進，そして省エネルギー型社会の構築に取り組んでいるわけであるが，これらの目標を，実際に経済活動が行われている各自治体レベルに落とし込んで議論することもまた重要である。とくに，地域ごとに社会経済状況が大きく異なる中国では，それぞれの行政単位レベルに政策目標を落としこみ，具体的な施策の推進と，目標達成へ向けた評価を行う必要がある。別の言い方をすれば，持続可能社会に向けた「地域モデル」を作り上げて，広めていくことが，中国全体の持続可能な発展を実現することにつながる。社会転換を進めるためには，各地域（省・市などの行政単位）の経済状況，技術水準，産業構造，社会状況に応じて，具体的な施策を実行していくことが求められるのである。長江デルタを構成する上海市，江蘇省，浙江省についても，社会的な機能や産業構造，都市システム，あるいは産業活動に用いられる技術システムの水準等については，当然差異が存在する。地域モデル構築の重要性を踏まえて，次節からは，上海市および江蘇省を例にエネルギー消費の現状とトレンド，そして産業セクターの将来シナリオについて概観する。

3.4　エネルギー消費構造と産業システム：上海市と江蘇省の事例

3.4.1　エネルギー消費構造と産業システムの現状

上海市は，ビジネスの中心地として，長江デルタ地域においても重要な役割，機能をもつ。上海市では1999年以降，第三次産業が産業全体の50％を常に超えており，鉄鋼業などの製造業も存在するものの，サービス産業を中心とした経済活動がダイナミックに展開している。一方，江蘇省については，第二次産業，とくに製造業の割合が依然として高く，セメントや鉄鋼生産などエネルギー集約型産業が現在でも中心的な産業の一つとなっている。

このように，それぞれ産業構造が大きくことなっていることから，産業システムにかかわるエネルギーや資源消費の構造も必然的に異なってくる。

鉄鋼製造などのエネルギー集約型産業について，それぞれの地域の特徴を比較してみよう。上海市では，Bao Steel など大規模な鉄鋼会社に代表されるように，工場の大規模化や近代化に伴って効率性の高い技術が導入されていると推察され，資源・エネルギー利用の観点からも比較的効率の良い生産活動が展開されている。一方，江蘇省では，旧来型の設備を採用した小規模工場がいまだに多く立地している。今後の政策的な後押しによっては，工場の大規模化や技術代替が進んでいく可能性があり，そうなれば，将来的には製造工程における技術システムの高度化，生産活動の効率化が進む可能性が十分あると考えられる[9]。

3.4.2　エネルギー消費の動向と将来予測

図 3-1 は，上海市におけるエネルギー強度，およびエネルギー消費量それぞれについて，昨今のトレンドを示したものである。2008 年までは統計データを基にプロットしたものであり，2009，2010 年については，上海市の人口，GDP，エネルギー消費の効率性に関連する市の過去 30 年間のデータを基に回帰分析を行った上で，予想値を示したものである。この図からわかるように，エネルギー強度については年々改善の傾向がみられるものの，中国の政策目標である 2005 年から 2010 年の間にエネルギー強度を 20％改善するというゴールを達成することは，比較的効率のよい生産活動を展開している上海市においても容易ではないことがわかる。同様に，図 3-2 には，江蘇省におけるエネルギー強度および総エネルギー消費量の推移が示されている（脚注 3）。

次に，2000 年を基準年として 2020 年までにエネルギー強度を 50％改善する（脚注 4），という中国政府の中期目標を前提にして，GDP およびエネルギー消費量について，2020 年までの毎年の平均的な伸び方の予想を示したのが図 3-3（上海市）および図 3-4（江蘇省）である。それぞれの図の上には，GDP およびエネルギー消費量のこれまでの実績値についてもプロット

第3章　アジア地域の産業セクター将来シナリオを考える

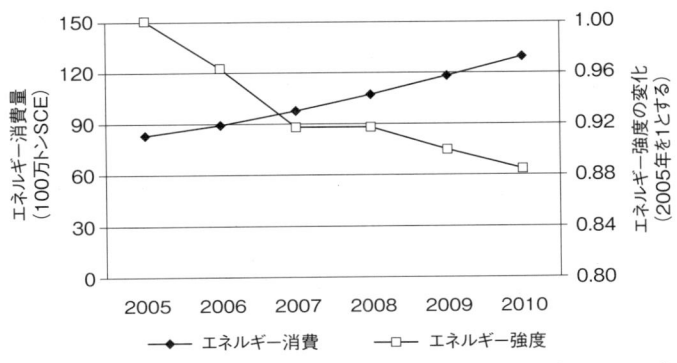

図3-1　上海市におけるエネルギー強度と消費量の変化（2005-2010年）

2009年，2010年については，回帰分析を基にした予測値。（注意：SCEはStandard Coal Equivalentの略語で，エネルギー消費量の単位表記法の一形態であり，中国の統計ではよく用いられる。）

してある。これらの図で注目すべきは，上海市，江蘇省ともに，国家の政策目標から想定される経済成長とエネルギー消費量の伸び方に対して，実際のそれらの伸びが圧倒的に大きな速度で推移しているという点である。このように，少なくとも省・市レベルでの状況から見るに，中国では，エネルギー強度に関する目標を大きく上回る形で，経済活動が展開していることが分かる。

　それでは，このような状況を転換し，エネルギー利用効率を高め，消費量を極力抑えていくためにはどのような方策が求められるだろうか。もちろん，人びとのライフスタイルの転換，採用技術システムの転換を通じた産業界でのエネルギー消費構造の大幅な改善，その他交通部門，民生部門におけるさまざまな対策が必要であり，あらゆるセクターを対象とした総合的な施策を図っていくことが肝要であることはいうまでもない。その上で，中国では，産業セクターにかかわるエネルギー消費量の，全体に占める割合が非常

　（脚注3）　江蘇省については統計処理に必要なだけの過去のデータの取得が困難なために，2009年，2010年に関しては予測値を出していない。
　（脚注4）　政府の方針は，GDPの伸びを四倍に，エネルギー消費は二倍にすることでエネルギー強度50％の改善を目指す，というものである。

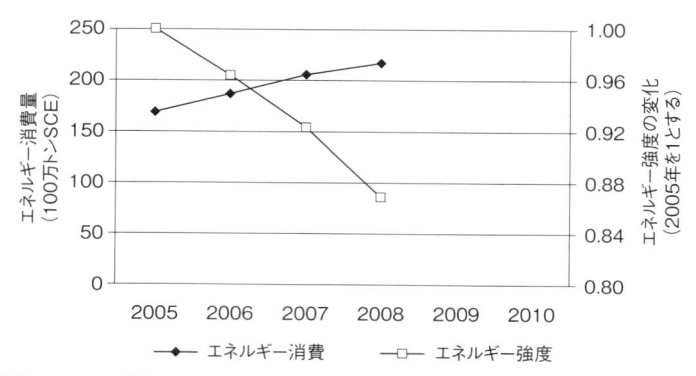

図3-2 江蘇省におけるエネルギー強度と消費量の変化（2005–2008年）

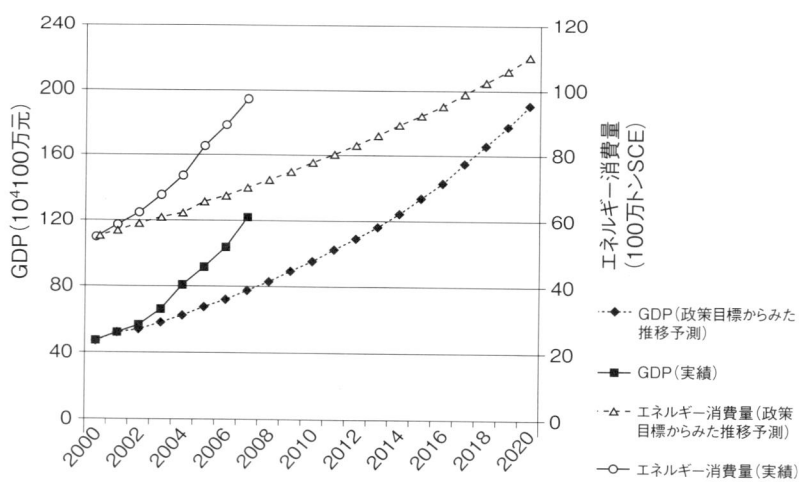

図3-3 上海市におけるエネルギー消費量およびGDPについて，政策目標（2020年）をベースとした推移予測と実測値の比較

に大きいことから，産業セクター，とくに製造業の生産活動について省エネを追求し，効率的な生産システムを構築することが特に有効だ，ということになる。

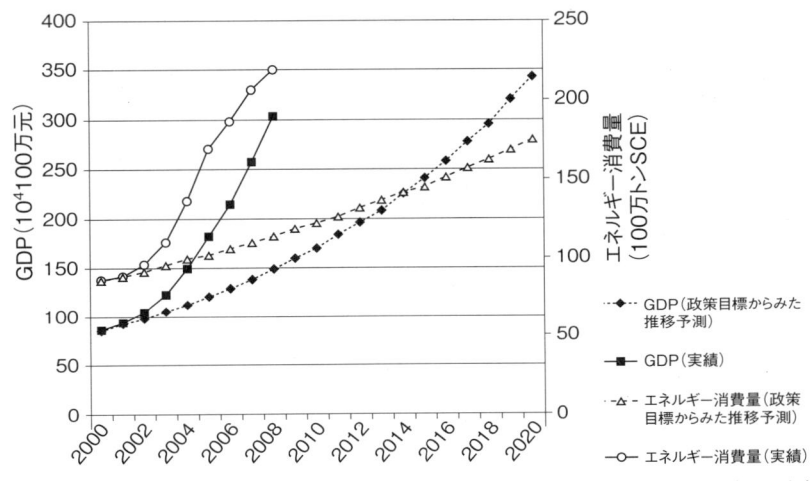

図3-4 江蘇省おけるエネルギー消費量およびGDPについて，政策目標（2020年）をベースとした推移予測と実測値の比較

3.5 産業セクターの将来シナリオと構造転換への施策

　そこで，本章では上海市，江蘇省におけるエネルギー集約型産業セクターについて，その将来シナリオを考えてみたい。3.2でも述べたように，将来シナリオを構築する際には，モデル等の定量的手法により表現される社会経済的な条件と，定性的（叙述的）な説明を織り交ぜることが1つのアプローチとなっている。ここでは，上海市および江蘇省における社会経済状況，産業構造，エネルギー消費構造の分析結果，あるいは循環経済など中国が推進している国家政策の動向も踏まえた上で，簡潔に将来シナリオを提示する。ここで提示するのは，産業活動・産業システムがこれまでどおりに進んでいく「成り行き（BAU：Business as Usual）シナリオ」と，エネルギー消費が極力抑えられる，省エネ・省資源型の産業システム形成を念頭にした，目指すべき（あるいは望ましい）二つの将来シナリオ（後述）の，合計三つのシナリオである（表3-1）。勿論，考えうる，もっともらしい（Plausible）将来シ

表3-1　産業セクターにおける将来シナリオの説明

シナリオタイプ	シナリオ概要説明
シナリオ1《成り行きシナリオ》	➢ 都市化が進行し，鉄・セメント等の製品への高い需要が維持される。とくに江蘇省においては製造業などの第二次産業が中心的産業として継続的に成長し，大幅な産業構造の転換は起こらない。 ➢ 鉄セメント製造等のエネルギー集約型産業では，製造プロセスに用いられる技術レベルの大幅な改善やイノベーションは起こらず現状維持。また産業系内での資源循環や産業エコロジーの実践についても大幅飛躍は見込めない。
シナリオ2《最善の利用可能技術の大規模普及シナリオ》	➢ 域内のエネルギー集約型産業においては，OECD諸国で採用されている「利用可能な最善の技術」（BAT: Best-available Technology）が大規模に普及する。 ➢ これらの高効率技術の普及に向けた，資金的インセンティブの付与など，政策的な援助や後押しが進む。また国際的な技術援助なども進む。
シナリオ3《広域循環システム，産業エコロジーの大幅普及シナリオ》	➢ 「循環経済」政策の後押しを受け，産業系内で，産業エコロジーの実践や資源の有効利用や循環利用が進む。 ➢ 産業系内での資源循環に加えて，都市由来の廃棄物が製造業内で有効利用される「広域での資源循環」施策が進む（例：下水汚泥のセメント原料としての利用，廃プラスチックの鉄鋼生産業界での利用，など）。また，大規模循環システムを可能とするような，都市インフラや交通システムの整備が進む。

ナリオは，これらに限るものではないが，ここでは産業セクターがこれから目指すべきモデルの提示という意味合いも込めて，また，議論を簡潔にするため，三つに絞って3.5.1～3.5.3で提示する。

3.5.1　成り行き（BAU）シナリオ

このシナリオでは，急拡大する経済や都市化の進行を背景に，これまで通りセメントや鉄などの製品に対する高い需要が維持され，結果として製造業における生産量が増大する。一方で，セメントなどのエネルギー集約型産業

では，製造プロセスで使用される技術レベルが現状のまま維持されるか，あるいは小幅な改善にとどまる。

中国では，各種の誘導策の後押しもあって，生産効率やエネルギー効率の悪いセメント工場の施設が建て替えられたり，あるいは製造工程での技術転換も一部は進んでいるとされる[10]。しかし，本シナリオにおいては，資金メカニズムの供与などといった誘導施策が効率的に機能せず，旧来型の，生産効率の悪い製造施設のスクラップアンドビルド（建て替え）や，エネルギー効率の悪い技術・システムの転換は大幅には進まない。また，製造プロセスにおいては，クリーナープロダクションが一部実践されているものの，副産物の再利用・再資源化などといった資源循環システムも大幅には導入されず，結果として，セメントや鉄を製造する上で必要となる原材料やエネルギー消費量は，生産量の増加に伴い拡大の一途をたどる。

図3-3，3-4に示されるように，上海市，江蘇省いずれの地域においても，GDPとエネルギー消費量の伸びは，政策目標で想定したトレンドとは大きくかい離して増加し続けている。とくに産業の中でも製造業の占める割合が多い江蘇省においては，産業セクターでの技術レベルの大幅な改善が進まず，また，旺盛な需要に対処するために，旧来型の施設を積極的に用いて産業活動が継続していくこのシナリオ下では，2020年までの中期の政策目標（エネルギー強度50%改善）の達成は非常に困難である。

一例であるが，上海市の過去30年間のGDP，人口増加，市全体のエネルギー使用量を基に，エネルギー消費量やGDPの伸びについて回帰分析を行い，成り行きシナリオ下では，エネルギー強度についてどれほどの改善がみこめるかという予測を試みた。その結果，2020年には，2000年比で約30%程度の改善可能性が見込めるという予測がたっている[9]。この数値についてはあくまで一つの算出法から導きだされた予想値であるから，参考程度に見ていただく必要があるが，中国政府が中期の政策目標として掲げる50%改善というターゲットについては，技術水準が高いとされる上海市においても，成り行きシナリオ下での達成は非常に困難であることがわかる。とくに，技術革新や施設の転換の進み方が今のところ緩やかであると考えられる

江蘇省については，この成り行きシナリオの下では，政策目標に沿う形で産業活動を展開するのは困難であろう。それでは，成り行きシナリオ以外にどのようなシナリオを追求していくべきか。次項で二つのシナリオを提示する。

3.5.2 高効率技術システムの大規模普及シナリオ

中国全土で鉄鋼生産を行っている工場のうちで，エネルギー効率が非常に悪いと推定される小規模・小型の工場は，全体の約80％以上を占めるとされている。また，これら小規模工場で採用されている技術システムのエネルギー効率は，大規模工場のそれと比べて約半分程度であると見積もられている[11]。逆に言えば，一般にエネルギー効率の悪いこれらの小規模工場を整理縮小し，今後，技術システム・生産プロセスを大幅に入れ替えて，生産プロセスでのエネルギー効率を改善する余地が充分にあるともいえる。その場合，エネルギー強度も大幅に改善できる可能性がある。

ここで示す高効率技術システムの大規模普及シナリオでは，地方政府の強力な誘導政策により，高効率の製造技術やプロセスの大幅な導入が図られる。小規模工場に代表されるエネルギー効率の悪い製造プロセスや技術が，高効率の技術へと組み替えられる中で，エネルギー効率の高い技術システムが急速に普及していく。

仮にこのようなシナリオが実現する場合は，産業セクターのエネルギー消費量についてはどれほどの削減が見込めるであろうか。とくに，OECE諸国が採用している「利用可能な最良の技術」（BAT：Best Available Technology）が広く導入されることになれば，エネルギー消費削減の効果はきわめて大きいと考えられる。一例として，江蘇省に立地する鉄鋼生産工場に適用して考えてみよう。江蘇省には，2007年時点で，鉄鋼製造関係の企業が10社存在している。鉄鋼製造プロセスのうちエネルギー消費が特に多いとされる高炉のプロセスだけに絞り，江蘇省にある工場が現在採用していると思われる技術システムを「利用可能な最良の技術：BAT」に仮に完全に置き換えることを想定する。そうすると，江蘇省全体で2008年時点に消費されたエネ

ギーのおよそ15%に相当するエネルギー量を削減することができると示唆される[9]。ここでは，エネルギー効率の観点で世界最高レベルの技術をあまねく普及させたと想定し，算定にはいくつかの仮定もおいているため，この削減量の数値についても参考程度にみてほしいが，産業システムの技術転換を積極的に行うことによる，エネルギー消費量の削減ポテンシャルは非常に大きいことが理解できるだろう。

なお，このシナリオの下では，これらの高効率技術等の大規模普及を促すための各種政策，適切なインセンティブの供与等に加えて，産業界における啓蒙と意識変革も進められる。資金メカニズムの導入などといった施策が積極的に展開されると同時に，他国からの技術移転や支援が進むことも想定されている。

3.5.3 広域資源循環と産業エコロジーの普及シナリオ

資源・エネルギー消費の急激な増加や環境負荷状況の悪化に積極的に対応していくために，中国では「循環経済」を国家政策の一つの柱として推進していることを先に述べた。このような政策の後押しがドライビングフォース（駆動力）となり，このシナリオ下では，循環経済にかかわる各種の施策が産業系において積極的に実践される。とくに，ある産業から出てきた副産物資源を他の産業で有効利用するなど，資源相互利用や産業エコロジーの実践が急速に進むと同時に，都市由来の廃棄物が産業セクターにおいて有効利用されるなど，産業系の枠組みを超えた「広域」での資源循環系が発達する。先述のように，中国ではすでに生態工業園内で，廃棄物資源や副産物の企業間での相互利用など，資源循環は進められているものの，あくまで工業園区内での取り組みが中心であった。このシナリオで想定されているのは，生態工業園区あるいは企業レベルをこえて，都市系と産業系をうまくつなぐことで，都市由来の廃棄物が産業系で資源再利用されるという，広域スケールでの循環系の構築である。

たとえば，都市で排出された廃プラスチック（ペットボトル等）を製鉄工場において高炉での還元材として利用することや，あるいは都市の下水道シ

ステムにおいて排出された下水汚泥をセメント製造業の一部原材料として活用することは技術的に可能であり，実際にこれらの資源循環は日本においても積極的に推進されてきた。たとえば，2008年度実績として，日本全国の自治体で収集された廃プラスチックの約30％にあたる15万トンに及ぶプラスチックが，新日本製鐵（株）の製造工程の高炉還元材あるいはガスエネルギーとして利用されている。また，日本では下水汚泥等の有機廃棄物をセメント業界で原材料として利用するという事例も年々増加している。

　上海市や江蘇省など都市化が進んでいる地域では，今後，都市由来の廃棄物量が大幅に増加することが見込まれていることから，このシナリオの可能性と意義は大きいといえる。世界銀行のレポートによれば，江蘇省内の人口75万人以上を有する12都市から排出される廃棄物量について，2000年時点では528万トンであったのが，2020年にはそのおよそ二倍に増加する可能性があるという[12]。すなわち，都市由来の廃棄物の産業系への供給量については十分なポテンシャルが存在することになる。

　この広域循環系構築のシナリオでは，ペットボトル等の都市系から排出される廃棄物がうまく産業系で利用されるために，各種のデザインを施す必要がある。とくに，都市系廃棄物の分別システムや輸送ルートの構築は重要な鍵となる。また，バイオマスを含む都市廃棄物の広域利用を有効に進めるためには，下水道システム等といった都市インフラの整備も必要となり，このシナリオを推し進めていくためには，総合的な地域システムの設計・デザインが必要となる。

　以上，成り行きシナリオに加えて，望ましい二つのシナリオを例として示した。この二つのシナリオはそれぞれ独立して展開されるものではなく，同時追求は充分可能である。むしろ，シナリオが同時に追求されることでより一層の相乗効果が生まれる可能性もある。いずれにしても高効率の技術システムの大幅普及と，産業エコロジーを軸とした広域循環のビジネスモデルの展開が同時に進むことで，産業系で消費されるエネルギーや原料資源の大幅な節約が可能となり，ひいては，市・省レベルの産業セクターの将来モデルとして，中国全体のエネルギー消費量削減についても重要な意味をもつはず

である。

　このように，シナリオを描くことで，どれほどエネルギー消費（あるいは資源消費）の削減の観点から効果が見込めるのか，またどのような施策・対策が技術と政策の観点から今後必要となるのか，等について議論を深めることができる。すなわち，シナリオを通じて，未来社会の展望とロードマップをより具体的に議論し，未来に対して柔軟に準備を行うことが可能となる。

　なお，本章では産業セクターに焦点を絞ったが，たとえば今回言及した広域循環システムについては都市インフラの在り方の議論を抜きにしては成り立たず，都市の社会基盤や交通インフラなど都市システムの在り方も含めた，より包括的なシナリオ作りが必要である。社会全体の将来シナリオを考える場合は，考慮すべきさまざまな要素が出てくるため，さらに複雑になる。また，ここでは，2020年ごろまでの社会を想定しているが，中国も，2030年までに人口のピークを迎え，その後は人口減少社会・高齢化社会に入ると予想されている。長期的には社会経済的な様相が現在とは大きくことなってくるはずで，長期的な将来シナリオの作成にあたっては，人口増加の先にある社会を見越して，社会システムや産業構造の在り方を考慮する必要がある。

3.6　まとめ—持続可能なアジアへ向けて

　本章では，上海市と江蘇省の産業セクターを対象に，複数の将来シナリオを考え，エネルギー消費量削減の可能性などを述べてきた。成り行きシナリオ（BAUシナリオ）では，上海市・江蘇省ともに中国政府が設定したエネルギー強度に関する政策目標の達成には遠く及ばない可能性があることに言及した。このような状況を転換するため，とくにエネルギー集約型の産業においては，高効率技術システムの普及とイノベーション，および広域の資源循環モデルの追求が，近い将来に産業界が積極的に採用すべき有望なオプションであることを述べた。

　中国を対象とした今回のシナリオ設計に関する視点は，経済発展著しい他

のアジア諸国にも示唆を持つはずである。世界の工場とも言われるアジアには，エネルギー集約型の産業発展とともに環境問題や資源・エネルギー問題の解決が課題となってきている地域が多く，これらの国・地域に対しても必要となる視座である。これらのシナリオの実現に向けて産業界が動きだすためには，政府による政策的支援などの力強い後押しが求められる。また，今回示したような望ましいシナリオを実現していく上で，これから必要とされる技術的な課題群と制度設計を地域の特性に合わせて同定し，課題解決を加速させるためにも，国際的研究やプロジェクトをさらに推進していくことが重要となる。

本章では，未来のビジョンやシナリオ設計について見てきたが，将来に視点を向ける上で，過去の教訓から学ぶことも，また重要である。日本はアジアの中でもいち早く環境汚染の克服をし，持続的な社会へ向けた社会的な実験も進めつつある。また，少子高齢化という新たな課題に直面しており，これについては他のアジアの国々においても将来起こることが予想されている。中国を含めたアジア地域にとっても有用な前例や課題を多く経験し，そして克服してきた日本が貢献できる分野は多い。世界共通の課題となっている環境・資源問題や，少子高齢化など社会的課題を含め，他のアジアの国々にとって参考になる事例について，日本が実施してきた対策の歴史的な展開をまとめあげ，経験や知識共有していくことが大切である。その意味においても，日本を含むアジア諸国の中での科学技術協力は今後ますます重要となる。持続可能な社会の構築を進めるための普遍的知見の共有を進めることと同時に，アジア地域の地域性，多様な地域文化，風習，地理的特性など「地域の特性や多様性」への理解を育み，持続可能社会の構築をアジアの協働で進めていくことがいままさに求められているのである。

参考文献

1) Shen, L., Cheng, S., Gunson, A. J. and Wan, H. (2005) Urbanization, sustainability and the utilization of energy and mineral resources in China, *Cities*, **22**, 287-302.
2) IPCC (2007) Climate Change 2007: Synthesis Report, Contribution of Working

Groups, I, II, III to the Fourth Assessment Report of the Intergovernmental Panel on Climate Change (IPCC), Geneva, Switzerland.
3) International Energy Agency (2009) *World Energy Outlook 2009*, IEA Publications, Paris, France.
4) 木下理英，角和昌浩（2009）『シナリオプランニング―不確実性への対応』「日本の未来社会：エネルギー・環境と技術・政策」，城山英明，鈴木達治郎，角和昌浩編著，東信堂．
5) 西岡秀三編（2008）『日本低炭素社会のシナリオ―二酸化炭 70％削減の道筋』，日本工業新聞社，東京．
6) Sustainable Seattle (1998) *Indicators of sustainable community- A status report on long-term cultural, economic, and environmental health for Seattle/King County*. Seattle, Washington.
7) 中華人民共和国国家統計局（2009）『中国統計年鑑　2008』，中国統計出版社，北京．
8) Zhang, H., Uwasu, M., Hara, K., Yabar, H., Yamaguchi, Y. and Murayama, T. (2008) Analysis on land use changes and environmental loads during urbanization in China, *Journal of Asian Architecture and Building Engineering*, **7**(1), 109–115.
9) Hara, K., Uwasu, M., Yabar, H and Zhang, H. (2011) Energy Intensity Trends and Scenarios for China's Industrial Sectors– a Regional Case Study, *Sustainability Science*, **6**(2), *Forthcoming*.
10) Price, L. and Galitsky, C. (2006) Opportunities for Improving Energy and Environmental Performance of China's Cement Kilns, Ernest Orlando Lawrence Berkeley National Laboratory, LBNL-60638.
11) Wang, K., Wang, C., Ku, X. and Chen, J. (2007) Scenario analysis on CO_2 emissions reduction potential in China's iron and steel industry, *Energy Policy*, **35**, 2320–2335.
12) World Bank (2005) Waste Management in China: Issues and Recommendations, Urban Development Working Papers, Working Paper No. 9.

第 4 章
サステイナビリティの理解と評価

上須 道徳

4.1 はじめに

　評価の役割とは，目標を達成するために有益な情報や判断材料を提供することである．しかし，サステイナビリティがかかわる領域は非常に広く，複雑である．小宮山，武内は，顕在化している現在の諸問題を異なるシステム間の相互破たんに起因しているとし，異なるシステム間の相互関係を理解し，包括的な解決策を提示する新たな学術体系の構築が必要であると提唱した[1]．ここまで本書を読んでこられた読者の中には，サステイナビリティを扱うためのさまざまなテーマやアプローチがあるが，まだサステイナビリティ・サイエンスの姿が見えない，と感じる方が多いかもしれない．本章では，サステイナビリティがかかわる広大な領域を複眼的に評価する「サステイナビリティ評価」に関する解説を通じて，サステイナビリティ・サイエンスやサステイナビリティそのものについての理解を深めることをねらいとしたい．

4.2 サステイナビリティにまつわる議論

　「サステイナビリティ評価」について解説する前に，まずサステイナビリティにまつわる定義や原則の歴史をごく簡単に振りかえっておこう．定義や原則がどのような流れで生まれたのかについて触れることはサステイナビリティを理解する上で役立つと考えられる．

第4章　サステイナビリティの理解と評価

　サステイナビリティにかかわる議論を始めて行ったのは18世紀から19世紀にかけて活躍したイギリス人経済学者，マルサスであろう。この当時，イギリスでは18世紀に産業革命がおこり工業化・都市化が急速に進んでいった一方で資本家と労働者との間の貧富の格差が拡大していった。マルサスは幾何級数的に増加する人口と算術級数的にしか増産できない食料との関係から，食糧に餓える貧困の発生は不可避であること，ひいては社会の存続性を危惧したのである。幸運にも18世紀から19世紀にかけて地球上にはアメリカやオーストラリアなどフロンティアが出現した。増加する人口はそのフロンティアによって吸収され，ヨーロッパにおける貧困層の爆発的増加は危惧に終わった。

　しかし，20世紀に入り，特に第2次世界大戦後は地球規模での経済規模の拡大と著しい人口増加がみられ，社会が利用し排出する資源と汚染の観点から地球社会そのものの存続を危惧する議論が生まれた。とくに資源の枯渇が成長の限界を招くことを議論したローマ・クラブの『成長の限界』や人口爆発と食料を取り扱ったポールエーリックの"The population Bomb,"（『人口爆弾』），化学物質の使用からおこる環境問題を鋭く継承したレイチェルカーソンの『沈黙の春』など，1960年代から70年代にかけてサステイナビリティに関連する文献が多く生まれた[2)-4)]。

　このような中，サステイナビリティを評価する上で二つの重要な見方が生まれてくる。一つは資源の利用を巡る持続可能性についての定義である。たとえば，アメリカの生態経済学者ハーマンデイリーはこの観点から再生可能資源，再生不可能資源，汚染排出についての持続可能性の原則を20世紀後半に提唱した[5)]。デイリーの原則は資源の物理的な制約から考えると至極妥当ではあり，地球環境の観点から評価基準として考えることができる。しかし，人間社会の中にも資源利用のアクセスやその利用から得られた成果の配分について数多く問題が存在しているのも事実であり，サステイナビリティを見る上ではこの偏在性を考慮することも必要である。

　国際社会はこの偏在性，とくに開発の問題に重点を置いて持続可能性に関する活動を展開してきた。まず，国連は1972年ストックホルムで環境問題

に関する初めての大規模な国際会議を開催し，開発と環境の調和を目指した活動を展開した。また1983年，同じく国連に設置された持続可能な国連の環境と開発に関する世界委員会（通称ブルントラント委員会）は，より具体的な概念として「持続可能な開発」を定義している。それは，「将来世代のニーズを満たす能力を損なうことなく現代世代のニーズを満たすような開発」というものである[6]。この定義は，サステイナビリティのゴールが人間のニーズを満たすことであるとした点，世代間の公平性について触れている点が資源利用の持続可能性の原則と異なる。すなわち，前者が地球レベルでの持続可能性についてのある種の評価基準を示すのに対し，後者はサステイナビリティのゴールを定めている。この二つの考え方は大きな指針を示すものではあるが，具体的ではない。資源といっても異なる特性をもつものが数多くあり，原則が守られていない状態がどれくらい続くのか，またそれが人間社会や環境にどのような影響を与えるのかについては別に理解する必要がある。また，持続可能な開発の定義についても，ニーズとは何か，どのような状態をもってそのニーズが満たされたとするのか，については明確ではない。

このように，人口と資源，環境というキーワードでその時代に応じたサステイナビリティが議論されてきた。しかし，実際にどのように対処すべきかについての解答を得たわけではなく，現在においてもサステイナビリティに対するあいまいなアプローチや定義が与えられているにすぎない。

4.3　サステイナビリティ評価の流れ

ここから，サステイナビリティ評価について解説する。まずは，サステイナビリティ評価の全体像を見るためにその作業の流れを見てみよう。一般に，評価を行うためには，その対象となる空間と時間の範囲をまず設定し，評価基準や目標（ゴール）を設定することが必要となる。これらが定まれば，つぎに基準に対応する指標を使って測定し，その結果を基準や目標と照らし合わせたうえで解釈する。そして最後に，最終的に定められた目標を達

表 4-1　サステイナビリティ評価の流れ

目標設定	対象の設定（誰の，何のサステイナビリティか）
	時間，空間の範囲の設定
	基準，目標の設定
評価	指標の設定，計測
	結果の解釈
行動	解釈を踏まえた対策，行動

成するため必要な課題や進むべき方向性が議論され，望ましくは具体的な対策や行動がとられることになる。

　表 4-1 はサステイナビリティ評価における一連の作業をまとめたものである。サステイナビリティは対象範囲が広く，関係性が複雑であるために，そもそも何が課題であるのかに対して学術的な理解や根拠が不足する場合がある。また問題と認識された場合でも，価値観の違いや利害対立から目標設定にかかわる合意を得ることが困難なことも多い。したがって，誰の何を対象にするのか，どの位のスパンで考えなければならないのか，何を計測すればその持続可能性を測れるのか，を決定する作業が求められる。翻って言えば，サステイナビリティに対する理解が足りないために，それを評価する手法が確立していないととらえることもできる。理解が深まればより良い評価体系の構築へつながると考えられる。

　注意したいのは，このサステイナビリティ評価の一連の作業は必ずしもひとつのまとまったものとして行われるわけではないことである。地球規模と地域という異なるスケールの事例として持続可能な開発と地球温暖化問題をめぐる国際的な取り組み，そしてシアトルの町づくりの事例を見てみよう。それぞれにおいて主体や目標設定のされ方などに違いがあり興味深い示唆がうかがえる。

　先ほど触れたブルントラント委員会による「持続可能な開発」は国際社会に広く受け入れられているサステイナビリティの概念である。この概念に基づく国際的な取り組みの一里塚としては，1992 年に開催された国連の環境

と開発の会議，通称地球サミットをあげることができる。地球サミットで提示された，開発と環境保全を両立させることを謳ったアジェンダ21は現在でも各国や国際機関の持続可能な開発のための行動指針として大きな影響力をもち，多くのローカル版アジェンダ21が作成されている。また，地球サミットでは気候変動，そして生物多様性という地球環境問題にかかわる二つの重要な国際条約が締結された。その後これらの条約が国際社会の取り組みに与える影響が非常に大きなものとなったことは現在私達が見ているとおりである。また，国連は2000年のミレニアム会議において，21世紀の目標としてのミレニアム宣言を採択，それまでの持続可能な開発に関する議論を集約する形で極度の貧困の削減，女性の地位向上や環境の持続可能性など8つの分野における具体的な目標を定めた[7]。このように国際社会は，国連を中心とし持続可能な開発としての対象と目標，さらには評価基準を設け，目標達成に向けた行動を起こしていることが見て取れる。

別のグローバルな事例として地球温暖化問題はどうであろうか。現在の地球温暖化をめぐる国際社会の世論として，長期的な気温上昇を2℃から3℃以内に抑えること，そのためには大気中の二酸化炭素濃度を450ppm程度に安定化させる必要があることされている。また，この安定化を実現するためには世界での温暖化ガスの排出を2050年までに90年度比で50～70%程度削減しなければならないことが示されており[8]，気候変動に関する枠組み条約に基づいたグローバルな取り組みとともに，先進国を中心に国や地域レベルで政府のみならず市民を巻き込んだ取り込みが行われている。このような世論形成はどのようにして起こったのであろうか。そもそも地球温暖化は1980年代に地球温暖化の可能性が少数の自然科学者によって指摘されたことが発端であった。しかし，当時は気候変動のメカニズムや温暖化の原因，またその影響について科学的な知見がほとんどない状況であった。そうした中，国連の枠組みとして「気候変動に関する政府間パネル（IPCC）」が設置され，各国の科学者が協同し気候変動に対する知見（具体的には気候変動の科学，温暖化の影響と適応，緩和策）についてまとめる作業が行われることになった。2007年のIPCC第4次報告書では温暖化の原因について，人間

の活動に起因しているとほぼ断定した[8]。また，気候変動により生態系のみならず人間社会への影響が明らかにされるようになり，先述のような国際世論が形成され対策が採られるという一連の動きが見られたのである。

最後に地域レベルではあるが，サステイナビリティを意識したシアトルのまちづくりも興味深い事例である。サステイナブルシアトルはアメリカ合衆国シアトルにある市民団体（非営利組織）である。彼らはさまざまなステークホルダーを巻き込み，シアトルが抱える諸問題の解決を踏まえた上で将来あるべきシアトルの姿を描き，さらにその実現に向けた活動を行政の支援を受けながら展開している。具体的には，環境，人口と資源，教育，経済，健康とコミュニティといった分野における39の指標を選定，評価に基づく改善プログラムを実施している[9]。この指標の選択には，コミュニティ独自の価値観を反映させており，川に戻る鮭の数，若者の教育やコミュニティへの参加，芸術活動といった項目は，将来の担い手の育成や人間の関係性の豊かさがコミュニティの持続的な発展に不可欠であるという理念に基づいている。シアトルの事例は，将来どのような社会を形作るかという合意形成の下に評価基準を設定，目標実現に向けた活動展開を行った，という広い意味でのサステイナビリティ評価と考えられよう。

4.4 サステイナビリティ評価ツール

持続可能な開発と地球温暖化，サステイナブルシアトルの3つの事例は，科学的な知見（状況の理解）や合意形成（ビジョンの形成）がサステイナビリティ評価において重要な位置を占めることをあらわしている。しかし，サステイナビリティ・サイエンスの定義にしたがうと，サステイナビリティの本質を理解する作業も必要となる。すなわち，異なるシステムの相互作用を理解し，包括的な解決策を導く作業である。たとえば，地球温暖化問題の解決はグローバルなサステイナビリティを達成する上では必要条件であると考えられる。しかし，「持続可能な開発」という観点からいうとそれは十分条件でないし，場合によっては温暖化対策の推進がまったく逆の効果を生み出

す可能性も考えられる。したがって，温暖化問題の解決を進めることがグローバルサステイナビリティの文脈でどのような意味をもつかについて理解することもサステイナビリティ評価において重視されるべきことである。ここでは，まずサステイナビリティを評価するツールをレビューし，さらに評価という作業の観点からサステイナビリティの理解に有用な視座について議論したい。

4.4.1 サステイナビリティ評価ツール

サステイナビリティを評価するためのツールは工学や自然科学，社会科学などの分野で多く開発されている[10]。ただ，多くの評価ツールはサステイナビリティを評価するために生み出されたのではなく，サステイナビリティのある側面を評価するために使われているものである。図4-1はこのような評価ツールを統合性や目的に応じて分類したものである。統合性では，サステイナビリティの一側面を単独で評価するか，複数の側面を統合して評価するかという基準で分類がなされる。横軸では指標（指数）評価ツール，生産消費評価ツール，統合評価ツールで分類されている。この横に分類されたツールは，また時間的な特徴を持つことがある。つぎに説明するが，たとえば，指標は主に過去の状況を回顧することが，統合評価ツールは将来の状況を展望する目的で使われることが多い（もちろん，この分類に厳密性はなく例外もある）。

まず，サステイナビリティ評価のツールには，ある対象の状態を数値化した指標もしくは指数と呼ばれるものがある。たとえば，その中には環境や社会経済のようなあるシステムの一側面を評価する非統合的な指標がある。環境では，大気や水，土壌，気候変動，生態系に関する指標，社会経済では所得や貧困，教育，健康，ガバナンスといった指標が個々に分類される。また，指標にはシステムをまたいだ複数の指標を統合したものもある。たとえば，所得と健康，教育の達成度を評価する人間開発指数，環境負荷や脆弱性，適応能力や国際協調性など環境にかかわるさまざまな指標を統合した環境持続可能性指標，またはある経済活動水準を土地という環境容量で評価す

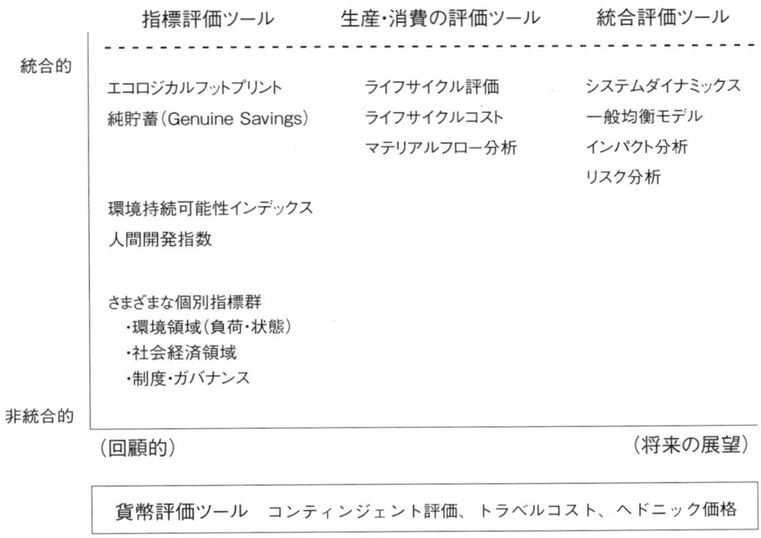

第 4 章　サステイナビリティの理解と評価

	指標評価ツール	生産・消費の評価ツール	統合評価ツール
統合的	エコロジカルフットプリント 純貯蓄(Genuine Savings) 環境持続可能性インデックス 人間開発指数 さまざまな個別指標群 ・環境領域(負荷・状態) ・社会経済領域 ・制度・ガバナンス	ライフサイクル評価 ライフサイクルコスト マテリアルフロー分析	システムダイナミックス 一般均衡モデル インパクト分析 リスク分析
非統合的	(回顧的)		(将来の展望)

貨幣評価ツール	コンティンジェント評価、トラベルコスト、ヘドニック価格

図 4-1　サステイナビリティ評価ツールの分類 (Neil ら (2007) より筆者作成)

るエコロジカルフットプリントなどがここに挙げられる。最後に純投資 (Genuine Savings) など，人間社会を営む上で欠かすことのできない生産基盤をさまざまな形での資本として計測し，持続可能性を評価する指標もこのカテゴリーに分類される[11]–[14]。

　一方，サステイナビリティではものごとをシステムとしてとらえることが重要であるが，システムにおいてなんらかの変化が起こった場合，その変化がシステム全体にどのような影響を与えるかを評価するためのツールがある。経済学分野では経済システムを数理的にモデル化する一般均衡モデルと呼ばれるツールがあり，たとえば，汚染排出に対する環境税や排出規制が経済や環境全体のパフォーマンスにどのような影響を与えるか分析することができる。また，同様に工学などの分野にはシステムを数理的に構築するシステムダイナミクスというツールがある。1970 年代にローマ・クラブの報告書として出版され国際社会にもインパクトを与えた『成長の限界』では，人口，食糧生産，工業生産，資源の関係を巨大なシステムとしてとらえたモデ

ルを構築し，人口増加に伴う工業製品の消費が資源を枯渇させ，人口と経済の成長にはいずれ限界が訪れることがシステムダイナミクスを用いて示されたのである[4]。

　また，サステイナビリティを評価する上で無視することのできない要素として資源利用と汚染排出が挙げられる。この点を評価するために，工学の分野を中心として資源利用や汚染排出を生じさせる生産や消費のプロセスを評価するツールが用いられている。資源の採取から製品の組み立て，消費，最終処分までの過程でエネルギーや資源の消費，汚染の排出およびその影響を主に評価するライフサイクルアセスメントはバイオ燃料の評価など他の分野にも応用されている。また，物質の流れを評価するマテリアルフロー分析などは都市や産業などさまざまな分野における生産・消費の評価に使用されている。さらにこれらのツールは社会や生態系といった他へのシステムにどのような影響を与えるかを評価するツールと組み合わされることも多い（インパクト分析やリスク分析）。

　最後に図の下に描かれている，貨幣評価ツールは価格が存在しない（値段がわからない）環境や生態系サービスの貨幣単位の価値をつけるものである。この貨幣評価はサステイナビリティ評価において重要な役割を果たす。たとえば，政府や企業，家計など社会の構成員にとって，便益と費用を把握することは大きな意味をもつ。企業や家計であれば便益が費用を上回らないと新たな行動を起こそうとはしない。政府もまた，限られた予算の中で諸々の対策をとらなければならず，優先順位をつけることが求められるが，貨幣評価はそのための作業に非常に有益な情報を提供することができる。貨幣評価ツールはここで紹介したさまざまなツールにもまた多く利用されているものである。

4.5　サステイナビリティ評価に必要な視座

4.5.1　サステイナビリティ問題の特性

　前節ではさまざまなアプローチや評価ツールがあることを見たが，サステ

イナビリティそのものを理解する作業，すなわち，異なるシステムの相互関係を理解する作業自体が求められる。これは小宮山・武内によるサステイナビリティ学の定義そのものであるが[1]，理解のための作業をどのように行うべきかについて何か示されたわけではない。筆者はその第一歩として，サステイナビリティの問題に共通に見られる特性を理解しておくことが必要であると考える。

　まず，環境問題にみられるように多くのサステイナビリティ問題が動的な特性をもつ。すなわち，過去や現在にとられた行動，起こった変化が現在や将来の世代に，また異なる地域の人たちに影響を及ぼすことである。したがって，動的な特性を持つ評価には時間的な特性を考慮することが求められる。

　また，この動的な特性は不確実性・確率的な変動ともかかわりがある。自然現象をはじめ環境の評価においては，いつ，何が原因でどのような影響がどこで生じるのか科学的に予測することが困難であることが多い。また，人々の行動や意識の変化も予測がきわめて困難であり，社会的な変化が起こった場合，その影響は小さくはない。たとえば国のリーダーを決める選挙などは国内だけでなく国際協調の方向性に大きく作用するが，その結果は不確実な要素が大きく絡むであろう。動的に変化する中で不確実性を考慮しながら評価の解釈を行う必要が求められる。

　さらに，現実の解決策を打ち出すには空間的なつながり，単純化するとローカルとグローバルの関係を理解することが必要となる。グローバルな問題を解決する方法がローカルなレベルでどのような影響を与えるかはケースによって異なる。一方，ローカルな持続可能性が達成されたとしてもグローバルの持続可能性は保証されない。たとえば，日本から製造業がなくなり温室効果ガスの排出が削減されても，他地域での生産が増加すれば，地球温暖化にはかえって悪い影響を及ぼす可能性がある。

　最後に，これらの特性が価値基準の要素とからまり，サステイナビリティ問題を解決する上での大きな障壁となっていることを指摘したい。南北問題に見られるように，発展を遂げた国と発展を望む国の間では環境保全の義務

や責任および開発にかかわる権利に関して真っ向から対立する。気候変動に関する枠組み条約や生物多様性条約などの締約国会議において対策を進める上で南北間の合意を得ることが重要ではあるが非常に困難であることは周知のところである。

　また，過去の世代の起こした問題に対して責任を取ること，将来世代に対して義務を果たすことに対し，どのような根拠を持って解決策を見出すのかは共通した認識があるわけではない。また，時代が変わるにつれ，科学的な理解の深化や社会経済の状態の変化が価値規範に大きな影響を与えることがある。たとえば，一般的に人口が著しく増加するのは所得が低い状態のときであり，所得が増加するにしたがい人口増加率は低くなる傾向が見られる。所得の増加は一方では経済活動の容量が大きくなることで環境負荷を大きくさせるが，同時に人口増加の抑制や技術進歩，環境意識の変化からもたらされる経済活動の質の向上は環境負荷を下げる効果がうまれる。つまり，環境負荷と人口，経済活動の規模の関係は決して線形の関係にあるのではなく，時間と共に変化していくのである。このような時間と共に変化するトレードオフや価値基準をどう取り扱うかがサステイナビリティ評価における重要な視点となる。

4.5.2　サステイナビリティ評価へのアプローチ

　前項で述べたこれらの特性が示唆する重要な点の一つは，単一のツールや指標のみでサステイナビリティ評価を行うことはできない，ということである。たとえば，個々のサステイナビリティ指標を考えると，一つのシステムの中ではある問題の結果として見られるが，別のシステムにおいては問題の原因としてとらえられているかもしれない。また，指標がもつフローやストックといった特性および時間軸を考慮した解釈を行うことも必要になるだろう。

　また，先に述べた価値の問題も評価を進める上で重要な要素となる。エコロジー経済学の分野では環境と経済の間の関係について二つの大きな見方がある[15]。一つは「強い持続可能性」と呼ばれるもので，生態系サービスや天

然資源などの自然資本は人間によって作られた人工資本で代替することはできないという考え方である。一方,「弱い持続可能性」は,両者間に代替性を認められる考え方である。これにしたがうと自然環境を破壊した開発はある程度の許されることになる。これまでの議論に基づけば,このような見方がどのように適用されるかについてはスケールや文脈によって判断すべきである。たとえば,グローバルでの人間の経済活動はさまざまな意味で地球の環境容量を越えていると言わざるを得ない。人類のエコロジカルフットプリント,地球温暖化,絶滅種の数など,このままの傾向が続けばやがて人類社会や生態系などに壊滅的な影響をもたらす可能性が高いのは明らかである。したがって,地球全体,または非常に豊かな工業国に対しては「強い持続可能性」の原則が適応されるべきであると考える。しかし,一方で住居や水・エネルギーへのアクセス,教育など人間の基本的ニーズが満たされていない人口が地球上には10億の単位で存在する。このような人々に対して環境破壊を認めずに開発を達成せよ,という強い持続可能性の考えを押し付けることは誤りであろう。

図4-2はサステイナビリティを包括的に理解するためのアプローチを示したものである[16]。ここでは,地球社会における人々の生活の質(Quality of Life:QOL)を持続的に維持,または向上させることを大きな目標としてい

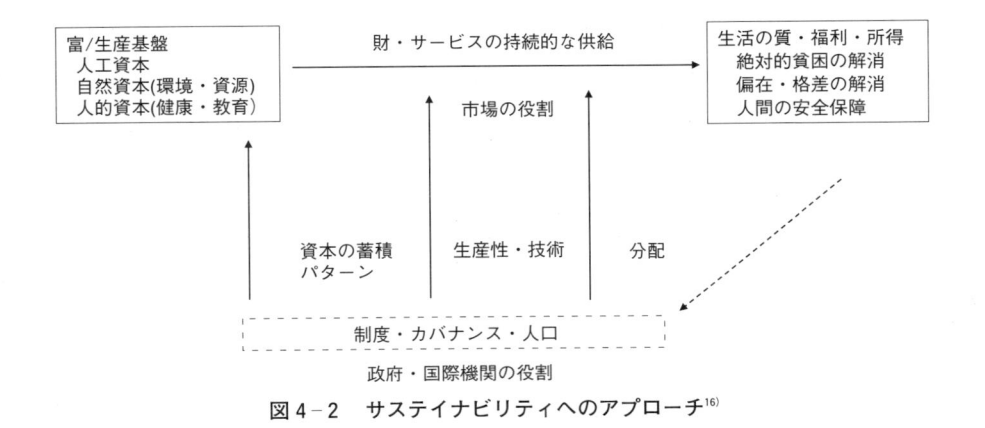

図4-2　サステイナビリティへのアプローチ[16]

る。この目標には人間の基本的ニーズさえ満たすことのできない絶対的な貧困や極端な格差の解消，人権や平和などの人間の安全保障を満たすことが前提となる。この大きな目標の達成にはさまざまな財やサービスの持続的な提供が必要になるが，その供給源，生産基盤となるのがさまざまな形で表される資本である。インフラや機械設備などの人工資本や労働としての人的資本だけでなく，生態系サービスや資源を提供する自然資本の保全・維持が重要な意味をもつ。

　ここで，本章で定義した評価の観点から照らし合わせると原因と結果の関係にあるこの両者を観察するだけではサステイナビリティ評価としては不十分であることがわかる。その変動メカニズムをしっかりと理解し，目標の達成に向けた対策につながる解釈を提供することが求められる。図の下方に生産基盤としての資本やQOLに直接，間接的に影響をおよぼす制度，ガバナンス，人口といった要素が書かれている。たとえば，ガバナンスがきわめて弱い地域では武力紛争などが資本の形成に直接影響することがある。法制度が貧弱な地域では生産性が低く資本賦存量にかかわらず財・サービスの供給量が少なくなるかも知れない。また独裁者が支配するような制度の下ではゆがんだ分配の仕組みがまかり通っていることもあろう。このようなさまざまな要素間の関係を理解することでサステイナビリティ評価は狭義の解釈から問題解決に向けた提言ができると考えられる。これについては次節を参照されたい。

　もちろん，この図で描かれたアプローチが正しく，唯一のものであると主張しているのではない。さまざまな見方，アプローチがあって当然であるし，重要な観点が個々から抜けているかもしれない。また，一つの研究で全体図とその中のメカニズムを理解することが可能であるとは筆者も思わない。重要なのは，各人が行っている作業が仮説的であっても全体像の中でどういう位置付けであるのかを理解するということである。

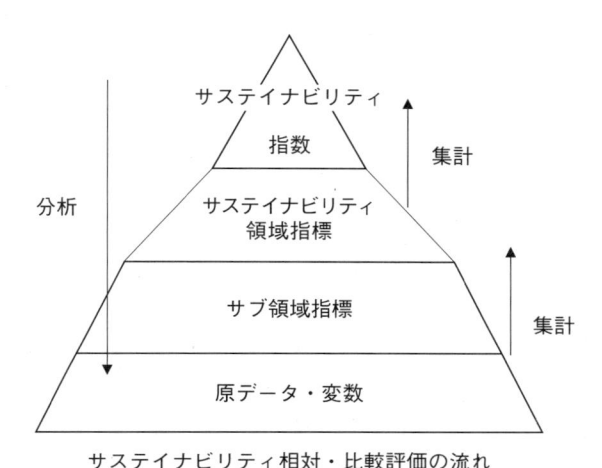

第 4 章　サステイナビリティの理解と評価

サステイナビリティ相対・比較評価の流れ
図 4-3　サステイナビリティの相対評価アプローチ

4.6　サステイナビリティ評価の研究事例

　さて，筆者は本書を執筆している他の研究者らと共に主に中国を対象としたサステイナビリティ研究をすすめてきた。この節では中国の省レベルのサステイナビリティ評価の研究事例を紹介したい。この研究は中国の省レベルのサステイナビリティ関連指標を系統的に統合，相対的な評価を行い，そのシステムについて解析したものである。筆者らはこの研究をサステイナビリティ評価における相対評価アプローチと呼んでいる。それに対し，4.4.1 で紹介したエコロジカルフットプリントや純投資など持続可能性を定義し，その定義に基づいて評価するアプローチも存在する。

　相対評価アプローチの具体的な作業内容は図 4-3 に示されている。まず，サステイナビリティを環境負荷，社会・経済，資源利用という領域に分け，それぞれの領域に関連する指標群（データベース）を構築，それらを統合（集計）し，それぞれの領域についての相対的評価を省レベルでおこなった。たとえば，環境負荷の領域はさらに大気，水，土壌の 3 つのサブ領域に分

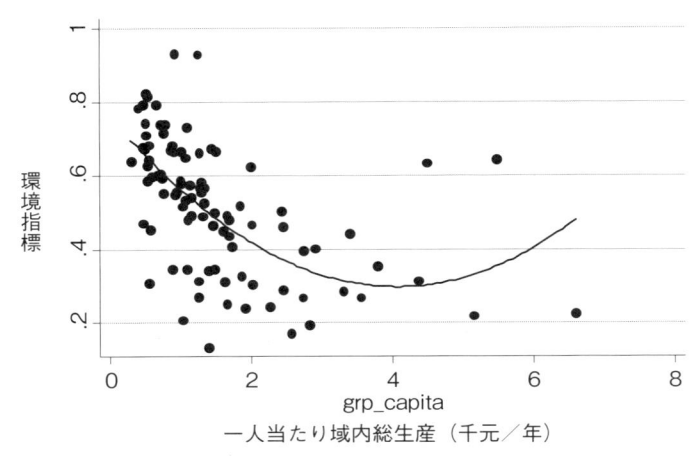

第2部　持続可能社会を導くシナリオ・評価・イノベーション

図4-4　一人当たりの域内総生産と環境指標—環境クズネッツ曲線の関係

類される。そして，それぞれのサブ領域には排水の生物化学的酸素要求量や大気中の二酸化硫黄濃度廃棄物処理率などの原データが複数ぶらさがっている。この原データを集計することでそれぞれの環境負荷サブ領域の指標が，さらにサブ領域の指標を集計することで環境負荷領域の指標が計算されるのである。さらに政策提言に有用な情報を導き出すために，1) どのような要因がその結果を引き起こしているのか，2) 指標間にはどのような関係性があるのか，3) 空間・時間的要因がパフォーマンスにどのように影響しているのかについて解析を行った。

この研究では，筆者らは Esty らによる環境持続可能性指標[12]を基に経年評価を行うことができる手法を開発し[17]，中国の省レベルの経年データを用い評価に応用した。地域ごとの個別評価の紹介はここでは省略するが，サステイナビリティ評価にとって意義のある結果も得られたのでここで紹介したい[18]。

まず，評価システムの中で用いた20種に近い指標は，サステイナビリティの観点からそれぞれ特有の情報をもっており，サステイナビリティを評価するためには環境，社会，経済，資源といった分野にまたがるさまざまな

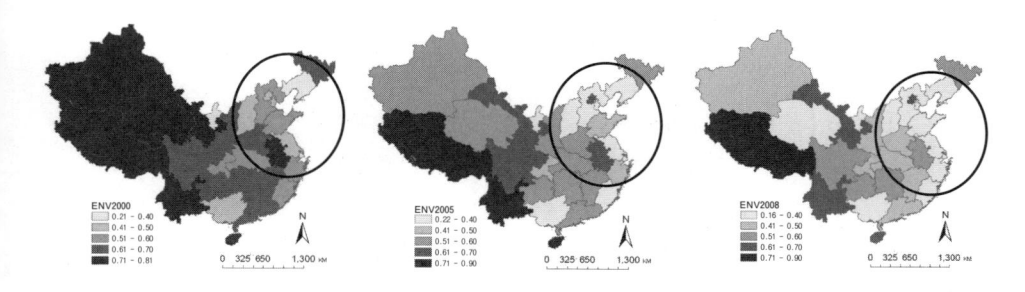

図 4-5　環境指標価の経年変化
2000，2005，2008 年山東省，河北省，江蘇省などの悪化が目立つ．

指標を見ることが必要であることを示した．すなわち，いくつかの代表的な指標のみを評価基準とするだけではサステイナビリティの観点からは誤った判断・解釈につながる可能性があることを意味する．また，これら時間と空間軸から見たパフォーマンスの変化にはある種の規則性があることが観察された．たとえば，おなじサステイナビリティ領域，たとえば社会経済領域における所得水準と所得格差の指標値を経年で見ると，所得はほとんどの地域で上昇しているが，都市と農村の所得格差は拡大していることが見られる．また環境負荷の指標値では，一般的には経済と環境負荷の間には逆 U 字型の相関関係，いわゆる環境クズネッツ曲線の仮説を指示する関係見られた．すなわち，経済発展の初期にある地域は環境負荷が増大するが，発展した地域では環境負荷が低減する傾向が見られた（図4-4）．一方，空間パターンからは別の点が浮き彫りにされた．2000 年から 2008 年にかけて北京や上海など大都市において環境の指標値は大きな改善が見られたが，逆に，それら大都市をとりまく河北，山東，江蘇といった省などでは環境状況は大きく悪化した（図4-5）．この特異性は統計学的にも確かめられるのと同時に，近年の成長産業や地域間の産業連関などに鑑みると，いわゆる重厚長大型産業の移転が行われた結果である可能性が示された．

4.7 終わりに

　サステイナビリティ評価をテーマとした本章のメッセージは次の二点にまとめられる。第一点は，サステイナビリティは，長期的に何を構築していくのか，または構築すべきかを議論するプロセスの問題である。個々のサステイナビリティ問題を解決することは「持続可能社会」を導くための必要条件ではあるかもしれないが，十分条件ではない。サステイナビリティとは長期的な概念であると同時に，問題解決の先にどのような社会を構築すべきか，という価値選択の問題と考えるからである。もちろん，このプロセスにおいては科学的知見，技術の果たす役割は大きいが，それだけではなく，関係する人々の参加も重要であることを強調したい。もう一点は，評価という作業を通じてサステイナビリティを理解するために不可欠な点は，全体性と関係性を把握することである。サステイナビリティ問題のほとんどはある問題の原因であったり同時に結果であったりする。長期的なビジョンを踏まえたうえで問題群の全体像およびその関係を把握することがサステイナビリティ評価においては大切である。これら二点について留意することがサステイナビリティのより深い理解，ひいては持続可能な社会の実現へとつながるのではなかろうか。

参考文献

1) Komiyama, H. and Takeuchi, K.（2006）Sustainability science: building new discipline. *Sustainability Science*, **1**(1), 1–6.
2) ドネラメドウズ（1972）『成長の限界—ローマ・クラブ人類の危機レポート』，ダイヤモンド社.
3) Ehrlich, P. R.（1995）*The Population Bomb*, Buccaneer Books（Reprint of the 1968 version）.
4) レイチェルカーソン，青樹簗一翻訳（1974）『沈黙の春』，新潮文庫.
5) Daly, H.（1990）Toward some operational principles of sustainable development, *Ecological Economics*, **2**(1), 1–6.

6) World Commission on Employment, *World Commission on Environment and Development* (1987) Our common future, Oxford Univ Press, Oxford UK.
7) United Nations, http://www.un.org/millenniumgoals/
8) IPCC（2007）気候変動 2007：統合報告書，政策決定者向け要約．
9) Sustainable Seattle, http://sustainableseattle.org/
10) Neil, B., Urbel-Piirsalua, E., Stefan, A. and Lennart, O.（2007）Categorizing tools for sustainability assessment. *Ecological Economics*, **80,** 498–508.
11) United Nations Development Program. http://hdr.undp.org/en/
12) Esty, C., D., Levy, M., Srebotnjak, T. and Sherbinin, A.（2005）*Environmental Sustain-ability Index: Benchmarking National Environmental Stewardship*. New Haven: Yale Center for Environmental Law & Policy.
13) Wackernagel, M. and Rees, W., E.（1996）*Our ecological footprint: reducing human impact on the earth*. New Society Publishers, Gabriola Island, Philadelphia.
14) Hamilton, K., Atkinson, G. and Pearce, D.（1997）Genuine Savings as an Indicator of Sustainability. CSERGE Working Paper GEC, 97–03.
15) Neumayer, E.（2003）*Weak versus strong sustainability: exploring the limits of two opposing paradigms*. Second Edition, Edward Elgar, Cheltenham, UK.
16) 上須道徳（2010）『グローバルサステイナビリティの現状と課題』第一章「グローバルサステイナビリティの構想と展望」，井合進，植田和弘，佐和隆光，小西博之，一方井誠司編著，日経 BP 出版．
17) Hara, K., Uwasu, M., Yabar, H. and Zhang, H.（2009）Sustainability assessment with time-series scores: a case study of Chinese provinces, *Sustainability Science*, **4**(1), 81–97.
18) Uwasu, M., Hara, K., Yabar, H. and Zhang, H.（2010）Analysis of sustainability components for China's provinces. Mimeo.

第 5 章
イノベーションと社会システム変革

山口　容平
高橋　康夫

5.1　はじめに

　日本政府が2050年までに世界の温室効果ガスを半減することを提案するなど，温室効果ガス排出の大幅削減は全人類的な課題として認識されるようになった。温室効果ガス排出量の削減に向けて，我が国では太陽光発電などの個々の技術分野の技術開発ロードマップ[1]が開発されるとともに，都市や国土といった実際に温室効果ガスが排出される舞台を対象として，温室効果ガス排出量の大幅削減を実現する将来像や，将来像を実現するためのロードマップの検討も行われている[2]-[4]。

　上記の将来像，ロードマップで描かれている変化は要素技術，産業，社会の変化を含む。温室効果ガス排出量の大幅削減はそれほど大きなチャレンジであるといえるだろう。戦後（1945年以降），日本は技術，産業，社会の絶え間ない変化を経験してきた。21世紀においても，さらなる技術革新を実現し，利用可能な技術によってもたらされる効用を最大限活用するよう，産業，社会を転換していくことが必要となるだろう。

　図5-1に，イノベーションの過程とそれに必要な要因を示す。本章著者，高橋の私案として，イノベーションを「技術革新を核とし，有形無形の新価値を創出し，新しい雇用と，社会の豊かさ，地球環境保全，そして持続可能性を確保させる原動力とその変遷駆動過程」と定義しておく。このように社会の変化までを含める場合，イノベーションの期間はかなりの長期の時間を

第 5 章　イノベーションと社会システム変革

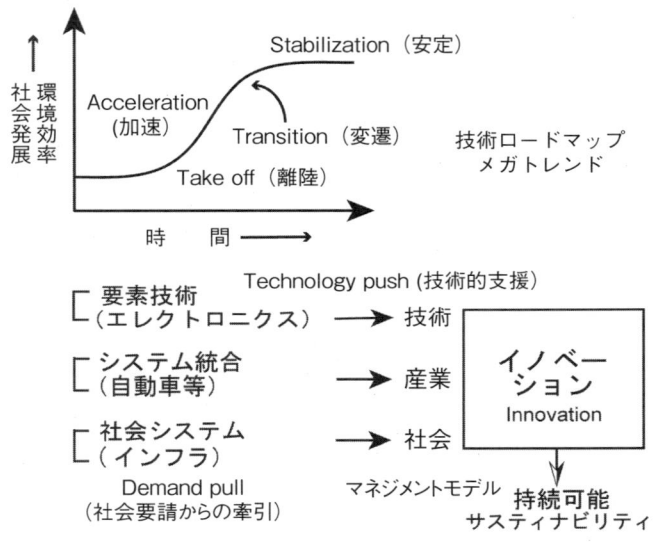

図 5-1　イノベーションと社会変革

要する。図 5-1 に示すように，要素技術のイノベーション（Technology Push）はイノベーションの源である。要素技術のイノベーションは新たな統合技術の実現を可能とし，新たな工業製品として実装され，社会へ送り出される。社会では過去に社会に出されてきた工業製品を前提とした社会システムが形成されている。ここでの社会システムとは社会的機能を充足するために形成されている要素とその関係性全体を表す。社会システムを形成する各要素は，技術的要素に変化が生じると，その変化に適応して自身の行動を変化させる。この結果として技術の変化が社会システム全体に伝播し，社会システム全体が変容する。

　この過程は一般的に図 5-1 に示すようなロジステック曲線の挙動を取るといわれている。要素技術のイノベーションだけでは環境効率の向上は得られないが，テイクオフ（take off）の段階では産業イノベーションにより新しい工業製品が生み出され，起（企）業が生まれる。ここでもたらされた変化が伝播し，社会システム全体が変容していく過程では，前述のように社会シ

ステムを形成している要素が相互に変化を繰り返し，加速的（Acceleration）に変化が生じる。この過程は「共進化」と形容される。最終的には安定状態に達し，結果として環境効率の大幅な向上がもたらされる。

本章は，ここで説明したような，技術，産業，社会のイノベーションの関係を対象とする。これまで多くのイノベーションに関する書籍が出されているが，要素技術，産業，社会を包括するものは多くない。技術の専門家，社会システムの専門家は互いをブラックボックスとして扱ってきた。環境革命の世紀[5]である21世紀においては，技術のイノベーションを効果的に社会変革につなげること，また，社会変革を進めるために必要な技術革新を誘導していくことが重要となるだろう。本章前半では要素技術，産業におけるイノベーションの事例を紹介する。後半は社会変革が生じるメカニズムを述べ，そのうえで，技術・産業におけるイノベーションを効果的に社会の変革につなげることを支援する方法を紹介する。

5.2 自動車におけるイノベーションとその過程

運輸部門の二酸化炭素排出量は日本の温室効果ガスの約20％を占め[6]，自動車によるエネルギー消費量の削減は温暖化対策における重要な課題である。

現在の自動車を中心とする交通システムは，1908年のフォード社によるT40自動車が発明されて以来約100年の年月をかけて形成されてきたものである。現在，ガソリン自動車の倍ほどの優れた燃費のハイブリッド自動車が開発され，販売台数を伸ばしている。さらに，ハイブリッド自動車の電池容量を拡大し，家庭のコンセントで充電可能なプラグインハイブリッド自動車，また，ガソリンエンジンによる駆動を排除し，充電された電力のみを動力とする電気自動車が開発され，急速充電インフラなどを含む社会実験が行われている。

図5-2に1990年以降の新車の燃費（10.15モードにおける総合熱効率）を示す。図の下部にある3つのプロット群（下からLine S, A, C）はガソリン自

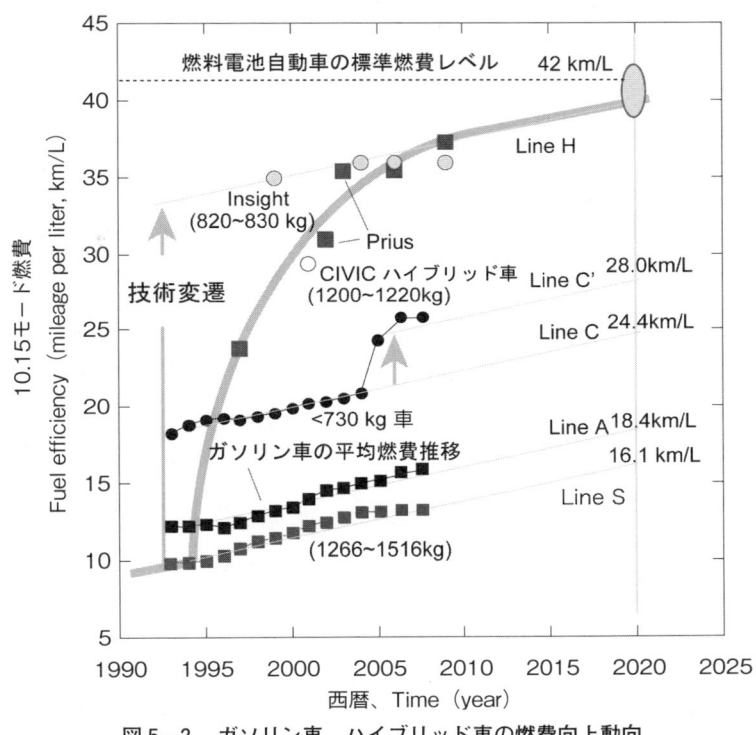

第5章　イノベーションと社会システム変革

図5-2　ガソリン車，ハイブリッド車の燃費向上動向

動車の燃費（車体重量別）を示す。これからわかるようにガソリン車の燃費は毎年改善されている。車体の軽量化や熱効率の改善がこの主たる要因である。一方，Line H として表されているのはハイブリッド自動車の燃費である。図5-3にハイブリッド車の販売台数を示す。開発当初の燃費はガソリン車より悪く，売り物にはならない程であった。1997年の発売時には，10.15モードの燃費で24km/L まで改善された。1997年の販売台数は300台ほどである。その後，ハイブリッド自動車の販売台数は爆発的に増加している。現在のハイブリット車の燃費はガソリン自動車をはるかに上回る。技術革新の効力の素晴らしさである。

図5-4にハイブリット車の機構図を示す[7]。エンジン，モータ，二次電池

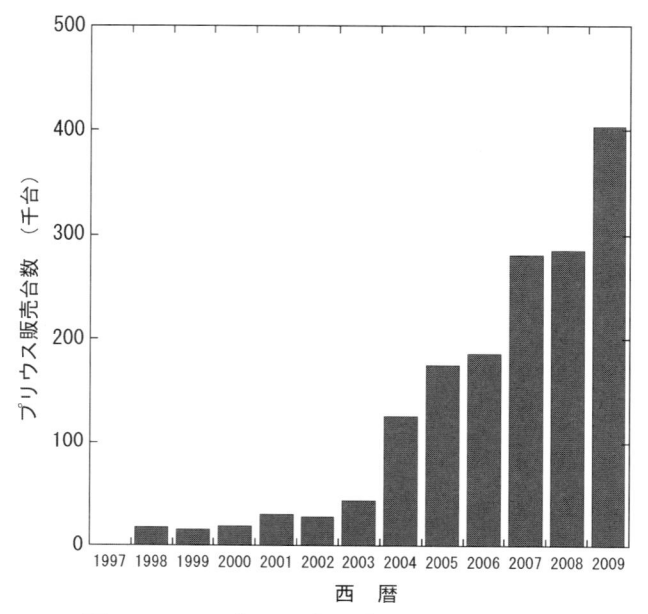

図5-3 ハイブリッド車，プリウス販売台数推移

（バッテリー）からなることは，周知のごとくである。これらに加えて，昇圧変換装置，発電機，インバータ装置（半導体デバイスIGBT：Insulated Gate Bipolar Transistor，電力制御用トランジスタの一種）が設置されている。

　電力での自動車の駆動には50kWの電力が瞬時に必要となる。もし，202V（2010年現在で安全性が保障されている電圧）のバッテリー電圧でモータを駆動させると，単純に考えても250Aの電流が必要である。大きな電流を流すためには太い電気配線が必要となるが，太い配線は重量を増加させ，燃費を減少させる。この問題を解決するため，電圧を上げる昇圧変換装置が設置されている。また，現在の所，モータは発電には向いていないため，発電機も必要である。これらのパワーフローを制御するための装置がIGBTモジュールである。IGBTモジュールは複数の素子を組み合わせて構成されるパワーデバイスであり，発熱量は非常に大きく，普通のガソリン車が有するラジエータでの冷却では十分でないため，パワーデバイス専用の冷却系統が

第 5 章　イノベーションと社会システム変革

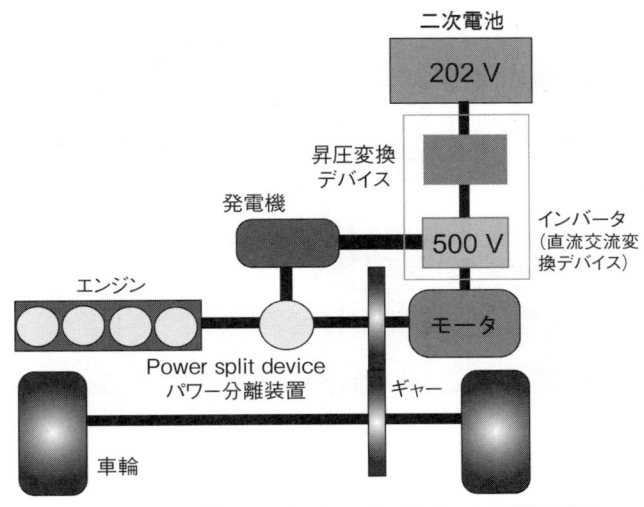

図5-4　ハイブリッド車（トヨタプリウス）駆動機構図

別に設けられている。

　ハイブリッド車はこのように多くの装置を搭載しているため重量が大きいが，一般のガソリン車よりも燃費（熱効率）は高い。

　このように，ハイブリッド車が技術的に確立され，図5-2に示した急速な燃費の向上がなされた過程では，多数の技術イノベーションが起こり，ハイブリッド車に実装されてきた。

　図5-5に2004年と2009年のハイブリッド自動車で使用されているIGBTモジュールの一例を示す。2009年のモジュールは土台がアルミとなり軽量化され，配線は太線ワイヤー（図5-5 (a)）から，Alリボン配線（図5-5 (b)）に変更されている。Alリボン配線は，図のように素子とその周りの微細回路を接続するものであるが，素子や回路に設計変更がなされても2点間をフレキシブルに接続することができる。製品のモデルチェンジがある場合や多品種少量生産に適しており，配線空間があるため，衝撃や熱応力への耐性が高い。

　これを可能としたのは常温超音波固体接合という接合技術の確立によるも

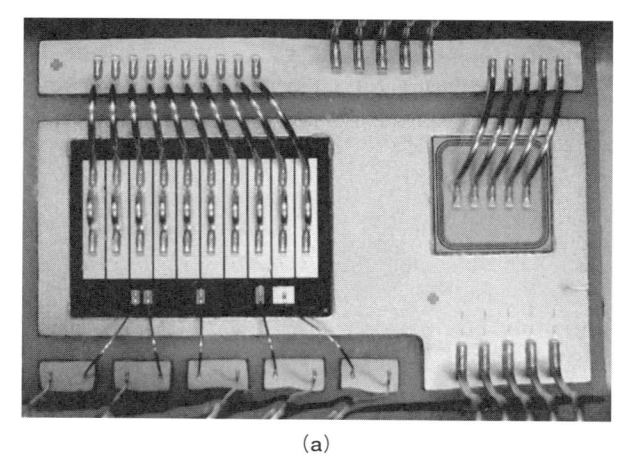

(a)
IGBTモジュール（2004）

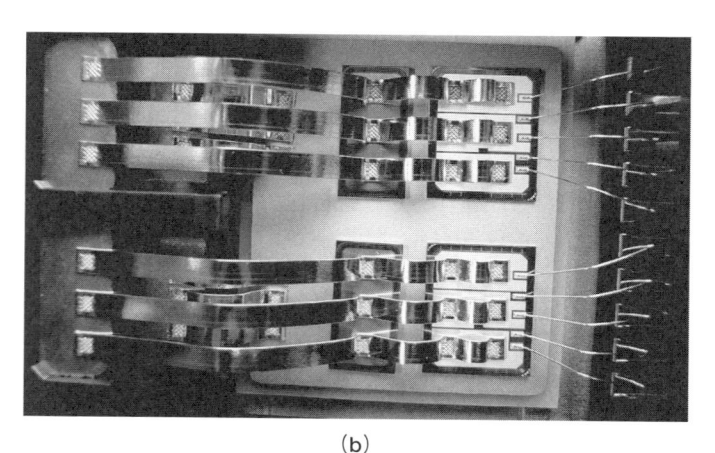

(b)
IGBTモジュール（2009）

図5-5　インバータモジュールの配線写真（トヨタプリウスに搭載。パワー制御用）

第5章　イノベーションと社会システム変革

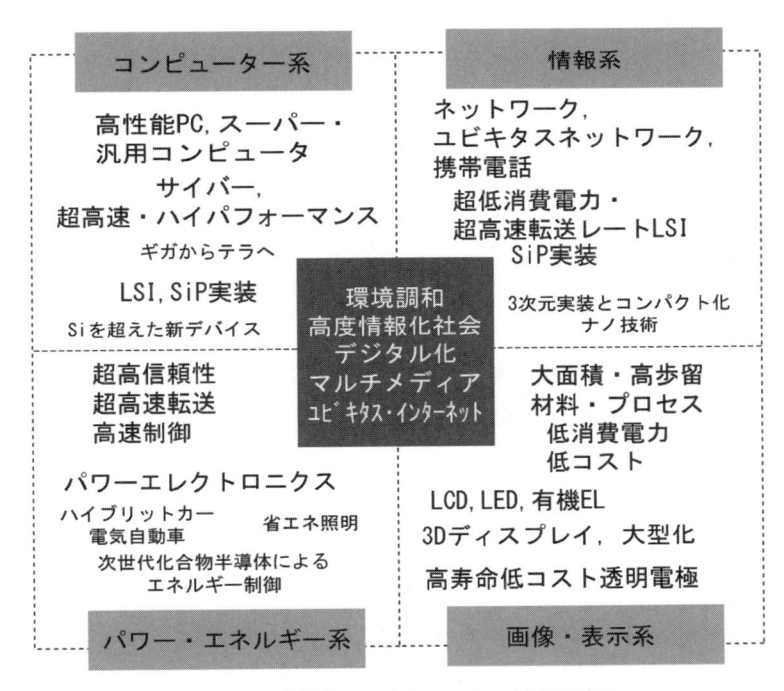

```
┌─────────────────────────┬─────────────────────────┐
│   コンピューター系       │      情報系             │
│                         │                         │
│ 高性能PC，スーパー・     │ ネットワーク，          │
│ 汎用コンピュータ         │ ユビキタスネットワーク，│
│ サイバー，               │ 携帯電話                │
│ 超高速・ハイパフォーマンス│ 超低消費電力・         │
│   ギガからテラへ         │ 超高速転送レートLSI    │
│                         │ SiP実装                 │
│ LSI, SiP実装            │                         │
│   Siを超えた新デバイス   │ 3次元実装とコンパクト化 │
│          ┌─────────────┐│         ナノ技術        │
│ 超高信頼性│ 環境調和    ││                         │
│ 超高速転送│高度情報化社会││ 大面積・高歩留         │
│ 高速制御 │ デジタル化   ││ 材料・プロセス          │
│          │マルチメディア││ 低消費電力              │
│          │ ユビキタス・ ││ 低コスト                │
│          │ インターネット││                       │
│ パワーエレクトロニクス   │ LCD, LED, 有機EL        │
│  ハイブリットカー        │ 3Dディスプレイ，大型化  │
│   電気自動車　省エネ照明 │                         │
│  次世代化合物半導体による │ 高寿命低コスト透明電極  │
│    エネルギー制御        │                         │
│                         │                         │
│   パワー・エネルギー系   │    画像・表示系         │
└─────────────────────────┴─────────────────────────┘
```

図5-6　次世代エレクトロニクス構成概略図

のである。この技術では 0.2 秒という瞬時に接合が達成できる。この間の変化は，軽量化への要請に答えた技術イノベーションによってもたらされたものである。これらの要素技術のイノベーションはハイブリッド自動車の軽量化，燃費向上，低価格化を支えてきたものであり，この結果として図 5-3 に示したような大幅な出荷台数の増加に結び付いている。

　今後のハイブリッド自動車の燃費向上，低価格化，さらには電気自動車への展開を支えると考えられる技術イノベーションには，電池性能の向上や，ハイブリッド自動車で使用されているパワーデバイスの Si 素子を代替しうる「SiC（炭化ケイ素）素子」の実用化がある。

　SiC は，Si 素子と比較して絶縁性に優れ，高温条件での動作が可能であり，熱伝導率が高く，空気冷却での維持が可能（つまり冷却系統を革新する

ことが可能)である。また，動作時のノイズ発生がすくなく，回路を単純化することができ，素子そのもののサイズは1/10程度に縮小することができる。しかし，SiC素子の確立には多くの技術的課題が山積しており（とくに半導体プロセスや電極形成)，さらなる技術開発が必要である。

5.3 注目される要素技術革新

図5-6に次世代エレクトロニクス構成概略図を示す[8]。民生用のエレクトロニクスはオーディオ，家電，電卓から出発したが，とくに図5-6には含めていない。オーディオは情報系に含まれ，掃除機，エアコン，冷蔵庫は，パワーエネルギー系に含まれる。テレビは画像系に，電卓はコンピュータ系に含まれる。すなわち，次世代の環境調和高度情報化社会は，コンピュータ系，情報系，エネルギー（パワー）系，画像・表示系の技術革新なくして達成できない。

コンピュータ系ではSiを超えた新デバイスの開発が待たれている。人工知脳もコンピュータ系の進化した姿である。LSI（Large Scale Integrated Circuit）は当然のことで，一つのパッケージの中にすべての処理機能を可能にするSiP（System in Packaging）実装が不可欠となる。処理速度はギガ（10^9）からテラ（10^{12}）へと高まるであろう。クラウド（雲）コンピュータが提案され，情報系（インターネット）と相乗効果を持ちながら進化をしていくと考えられる。

情報系では，膨大なメモリー（記憶容量）が必要になる。20世紀の電子実装は表面実装を基本としていたが，21世紀では，ナノ技術革新が不可欠となり，その回路網は三次元（3D）的となる。低消費で高速通信が可能となる（Siを超える）デバイス（化合物半導体GaN等）の開発が不可欠となる。画像・表示系では，低消費電力低価格のディスプレイが要求される。3Dテレビが安く販売されるようになるだろう。ディスプレイには，光を透過させ，電気信号を伝える透明電極が不可欠である。透明電極には酸化インジウムが使用されているがインジウム（In）は希少資源（レアメタル）であり，

第5章　イノベーションと社会システム変革

リサイクルを含めた資源確保は重要課題である。そして，インジウムに対する安価な代替材料の開発も盛んに行われている。

　エネルギー系，パワー（電力）系は，環境問題を解決する重要なキーテクノロジーである。多くの再生可能エネルギーは安定供給できない。風力発電，太陽光発電も，必ず，電力制御（＝パワーエレクトロニクス）が不可欠となる。交流（AC）と直流（DC），直流電圧も変換する必要がある。DC/DCコンバーター，DC/ACコンバーター，インバータは大電力用に適用され，さらなるコンパクト化が要求される。

　エレクトロニクス産業には，有名なムーアの法則がある。経験則であるが，簡単に言うと，ムーアの法則とは，コンピュータ／デバイスの処理速度が速くなり，コンパクトになっていく速度が指数関数的になると表現出来る。図5-7に電子実装のメガトレンドを示す[9]。ムーアの法則を可能にしてきたのは，電子実装技術開発に帰するところが大きい。すなわち，電子実装技術イノベーションがムーアの法則を可能にしてきたと言って過言ではない。図5-7に示すように，1970年頃から電子実装の革命が起こり，現在，第三次革命に至っている。SiP技術が開発され，3D（Multi-stack）化の先は，立体（Cube）デバイスとなる。しかし，このままでは，おそらくムーアの法則は崩れるであろう。新たな発想による第四次電子実装革命がエレクトロニクス産業の勝ち残りと持続可能性を達成するために必要である。常に技術革新は，イノベーションの核であり，小さな起業化が大きなイノベーションにつながり，社会変革が達成されていく。

　1990年から2010年に使用されている一般的な2層スタック型半導体パッケージ構造を紹介し，解説する（図5-8参照）。はんだマイクロボールはBGA（Ball Grid Array）（脚注1）接続のために開発されたもので，サイズは100〜200μmである。はんだは鉛フリー（lead free）が採用されている。パッケージ内は，金ワイヤボンディングやFC（Flip Chip）（脚注2）ボンディン

　（脚注1）　BGAとは低融点金属の微細球形の突起を回路基盤に形成し，半導体チップと基板の回路接続を一括して多数形成する方法である。

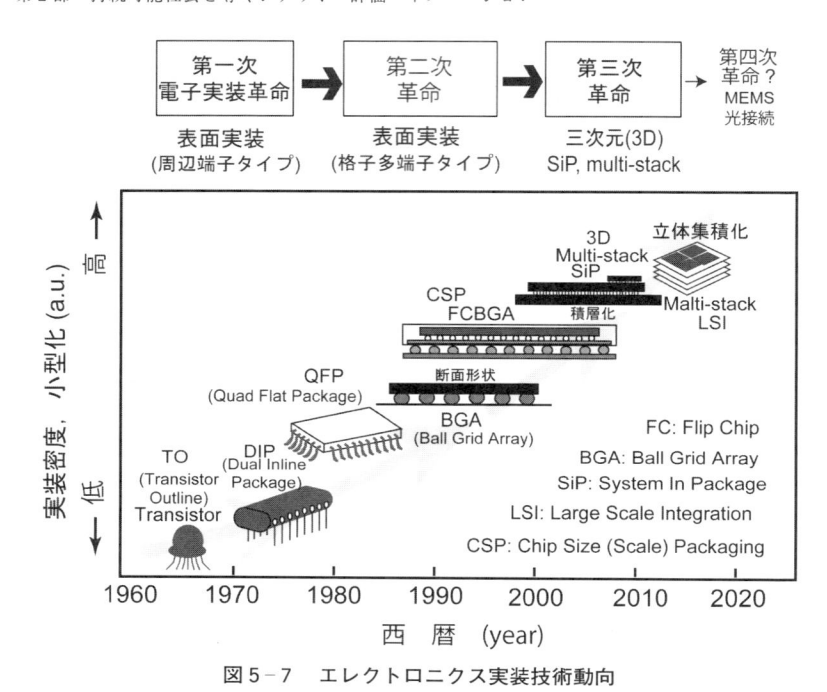

図5-7 エレクトロニクス実装技術動向

図5-8 半導体パッケージの例

グで回路網ができている。金が最もよく使われている。携帯電話が都市鉱山（脚注3）としてあげられる訳である。パッケージ内の配線接合（interconnection）は主に固体接合である。溶かさずに，かつ，接着剤無しに固体同士がつくのは不思議に思われるかもしれないが，各時代の先端技術がそれを可能にしてきた[8]。図5-8の中に描かれている半導体チップはSiチップである。2012年以降，次世代化合物半導体という新しい半導体（SiC, GaN等）がトランジスター素子として実用化されていくだろう。その電極形成技術や配線材料は今までのようには行かない。大きな壁が存在する。そのブレークスルーのための技術革新が行われつつある[10]。そのうち大きなイノベーションとなり，技術立国日本にサステイナビリティへの大きな可能性を与えるだろう。

5.4 要素技術革新と社会システム変革

すでに述べたように，技術のイノベーションは社会の変化の源である。一方，技術は何らかの社会的機能を提供するために構築されている社会システムの一部である。したがって，新しく生み出された技術，製品が社会で効用を生み出すためには，技術・製品が社会システムに組み込まれ，普及していく必要がある。社会システムは多様な要素の集合体であり，集合体の中では多数の主体がさまざまな形で相互作用している。また，自動車交通システムの事例で述べたように社会システムは数十年の単位の時間をかけて構築されてきたものであり，優れた技術・製品が登場したからといって簡単に変わるものではない。

そこで，これまでにすでに起こった社会システムの変化からその変化メカニズムを定式化し，そのメカニズムを前提として今後の技術普及，社会シス

（脚注2）　BGAが基板と半導体チップの一括回路接続をするのに対して，FCボンディングは，半導体内部の多数のチップ電極に微少突起を形成し，それを反転して半導体パッケージ内部基板とベアーチップとの多点接続を行う方法である。
（脚注3）　都市でゴミとして大量に廃棄される家電製品などの中に存在する有用な資源を鉱山に見立てたもの。

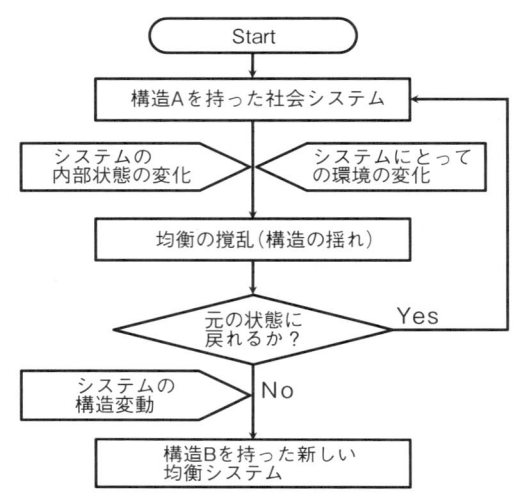

第2部　持続可能社会を導くシナリオ・評価・イノベーション

図5-9　富永健一による社会システムの構造変動モデル

テムイノベーションを誘導することは有効であると考えられる。

このような背景から，以下では社会システムが変化するメカニズムに関する仮説やモデルを紹介し，最後に望ましい変化を起こすための手段を紹介する。

5.4.1　富永健一による構造変動のモデル

まずは日本のモデルである。社会学者，富永健一は，構造－機能－変動理論[11]として，社会システムにおいて構造的変容が生じるメカニズムを説明している。富永は「第二次世界大戦後の日本において高度経済成長とともに起こった大規模な近代化・産業化・都市化がいかに可能となったか」という問いを立て，その理論化に取り組んだ研究者である。図5-9に富永による構造変動のモデルを示す。

いま，ある社会システムにおいて，特定の構造（これを構造Aとする）のもとで均衡が成立しているとする。ここでの均衡とは，社会システムが現行の構造のもとで機能的要件を充足しており，システムの内部から現行の社会

74

第5章 イノベーションと社会システム変革

構造を変動させるような力が発生しない状態をいう。そこにある時点で撹乱が生じるとする。撹乱とは構造を変動させようとする力であり、外部環境の変化の影響、内部に発生した何らかの変化によって作り出される。このような撹乱に対して、社会システムは基本的な構造を維持しながら、構造の部分的な手直しによって撹乱を収拾し、もとの均衡に復することができる。システムの内部を見ると、システムの成員の多数が現行の構造はうまく機能していると判断し、現行の構造に満足しているならば、現行の構造を変えようとする強い力は発生しない。そのためにシステムは安定している。たとえシステムの構造を変えようとする動きが出てきたとしても、構造を維持しようとする力に比べて十分に強力でないならば、変動への力は減衰して構造変動には至らない。

しかし、構造Aに多少の手直しを加える程度でシステムの機能的要件を達成することができない場合、つまり、成員の多数が現行の構造はシステムの機能的要件を効率よく充足しえなくなったと判断するようになったとき、現行の社会構造を革新してシステムの機能的要件をよりよく充足する構造を作ろうとする原動力が生まれる。一度構造を変動へと導こうとする力が均衡を上回った場合、つぎつぎに変動への力が増幅され、現行の構造から新しい構造（これを構造Bとする）への変動が生じ、最後には新しい均衡がうまれる。

この説明を低炭素社会の構築で考えてみたい。日本では戦後高度成長期を経て現在の社会システムが数十年の年月をかけて構築されてきた。ここに作られた構造を構造Aとする。構造Aはこれまで公害問題、健康に関する基本的人権の確立などの内的変化などによって撹乱が生じてきたが、手直しすることで、より性能の優れた構造を構築してきた。しかし、近年、IPCCの報告[12]に見られるような地球温暖化、気候変動に関する科学的知見の蓄積、国際社会における温暖化対策の重要性の高まりといった外的環境の変化によって、システムの内部において現在の社会システムの構造が機能的要件を適切に満たしていないという認識が高まっている。この結果、環境モデル都市が設置されるなど、多様な取り組みが起こった。しかし、このような変化

は依然として十分に強いわけではなく，既存の構造の部分的改善での対応のみが実現されているにとどまる。しかし，冒頭で述べたように現在検討されている低炭素社会の将来像の実現は，現在の構造Aの改善で実現されるものではなく，新しい構造Bを意味するものである。

このようなメカニズムを前提とすると，低炭素社会の構築とは，現在の社会システムが持つ均衡を破り，社会システムにおける内的な変化により，新しい低炭素型の構造へと社会システムの構造を転換することを意味する。

このような構造的変容をより効率的に導き，より望ましい構造の実現を考えるとき，富永のモデルは十分ではない。

以下では社会システムの構造的変容に関する以下の4つの知見を説明する。

- 社会システムの構造においてなぜ均衡が生じるのか？
- 変化の原動力となる内的変化・外的変化をどのように区分するのか？要素や変化はどのように整理したら良いのか？
- 一度変化が生じるとどのような変化が起こるのか？
- 変化の過程はどのように解釈されるのか？

5.4.2　社会システムにおける均衡が生じる理由

社会システムとは社会的機能の充足するシステムであり，その構造は，技術をはじめ，「もの（建物，都市基盤など）」・「しくみ（制度，意思決定機構，規範など）」・「ひと（人的資源・ネットワーク，慣習など）」によって構成される。

通常，社会システムは数十年あるいは百年単位の年月をかけて構築されてきたものであり，多様な主体がかかわりを持っている。個々の主体は他者の資源を利用しなければ自分の目的を達成することができない。そのため，主体間には多様なルールが作られている。このルールには法律や基準，条例などの公式なものから，規範や慣習，サービス・性能に対する期待など非公式なものまでがある。各主体は他者や蓄積されてきたルールを前提として意思決定するため，発想や行動の自由度は制限されている。また，現行の構造の

改善につながる変化は生じやすいが，システム全体の構造的な変容につながる変化は生じにくい。

5.4.3 システムの構造化のモデル

前述のように，富永はシステムにおける撹乱としてシステムの外部環境の変化と内部の変化をあげた。このような構造的変容に関する要素を整理するモデルとして Multi-level Perspective[13] というモデルが利用されている（図5-10）。

本モデルは3つの階層により構成される。一番上のマクロレベルには社会システムを構成する主体では操作できない要素が配置される。外部環境の変化（たとえば温暖化対策の実施に対する国際社会の共通認識や少子高齢化など）はこのレベルの変化として表現される。中間の階層のメソレベルには現行の構造が整理される。最後に，一番下の階層のミクロレベルには現行の構造を代替する新しい構造が配置される。代替する構造が成立している場所，あるいは，成立しやすい場所はニッチ（Niche：生態的地位）と呼ばれる。上野ら[14]はニッチの訳として「適所，隙間」を用い，新しい技術が支配的な技術との競争にさらされずに生き残ることができ，またその中で技術がはぐくまれるような守られた空間のことと説明している。

このように3つの階層により社会システムに関連する要素を整理することによって，構造的転換はマクロレベルで表される外的環境的要素，メソレベルにおける現行の構造，ミクロレベルにおける新しい構造の相互作用の結果生じると考えることができる。ミクロレベルの代替構造はメソレベルにおいて共有されているルールや要件を満たすことができない場合，スケールアップし，現行の構造を置き換えることはできない。現行の構造の主体が新しい構造の成立を阻害するように影響を及ぼすことも多い。たとえば，ハイブリッド自動車は自動車内部の機構が異なるだけであることから製造過程やメンテナンスについての変化が生じるものの，それ以外の社会システム構成要素に変化を必要としない。そのため技術的な確立が直接普及に結びついている。一方，電気自動車の場合，新しい充電インフラの確立が必要であるほ

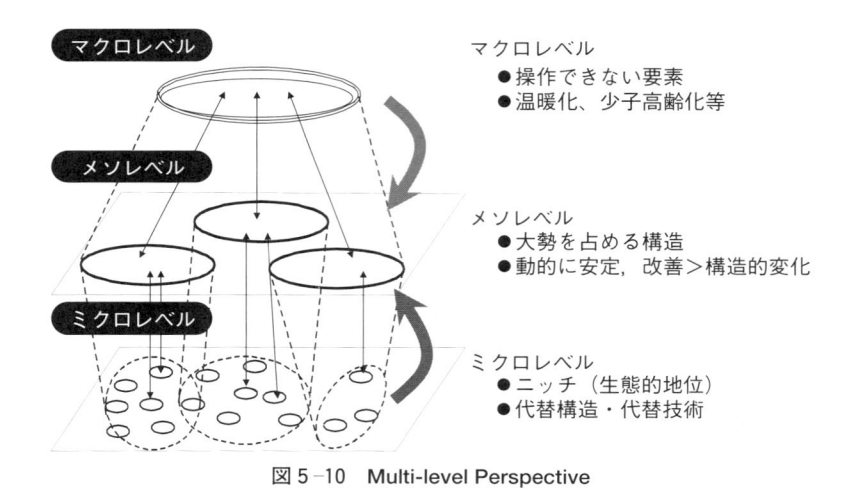

第2部 持続可能社会を導くシナリオ・評価・イノベーション

図5-10 Multi-level Perspective

マクロレベル
● 操作できない要素
● 温暖化、少子高齢化等

メソレベル
● 大勢を占める構造
● 動的に安定、改善＞構造的変化

ミクロレベル
● ニッチ（生態的地位）
● 代替構造・代替技術

か，充電電力による走行可能距離の制約からユーザーの運転行動に制約が生じる。そのため，技術以外の要素も普及の妨げとなる。

一方，マクロレベルにおける外的環境の変化の影響が強まると，現在の社会システムの構造が機能的要件を効率的に満たしていないという認識が高まり，代替構造が成立し，普及しやすい条件が生まれる。

このような階層モデルを使用することにより，システムの構造的変化にかかわる要素や変化を整理することができる。

5.4.4 構造的変容の共進化過程

それでは一度構造的変化――つまりメソレベルに位置する現行の構造から新しい構造への置き換え――が生じた場合，どのような変化が起こるのか？ この変化過程は不連続で不可逆であり，もの・しくみ・ひとという社会システムの構成要素，その関係性が連鎖的に変化する。

具体的な例を示したい。日本では1963年に建築基準法が改正され，それまでの建築の高さ制限（31メートル）が撤廃された。これは建築構造工学における建築構造の耐震性に関する研究の成果によるものであるが，その後，1967年には141メートルの霞が関ビルが建設されるなど，高層ビルブーム

第5章　イノベーションと社会システム変革

マクロレベル
- ◆ 成長圧力
- ◆ 土地の枯渇

新しいパターンの形成

メソレベル
- ◆ 超高層ビル建設のための技術進展
- ◆ 新たな技術基準、建設手法、慣例
- ・法・基準整備
- ◆ 成長のシンボルとしての超高層ビル
- ◆ 工業化建築部材提供業者の成長

構造工学における進展
技術的高さ制限の撤廃（1963年）

ミクロレベル
- ◆ 超高層ビル建設・運用を可能とする新しい社会システムの構造
- ・建設計画、建築計画
- ・オートメーション
- ・防災・防火

霞が関ビル
(1967年, 147m)

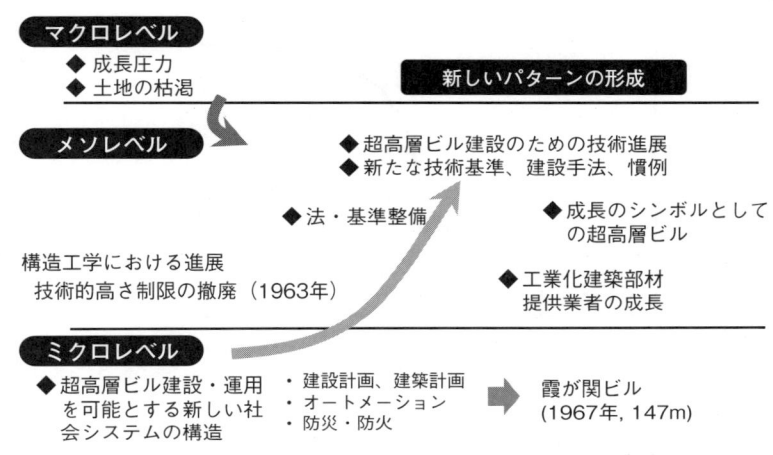

図5-11　Multi-level Perspective を用いた高層建築普及過程の整理

が導かれた。

　この過程を Multi-level Perspective を用いて整理したのが図5-11である。当時，高度成長に伴って都市部の土地の枯渇が問題とされており（マクロレベル），政府は国家プロジェクトとして超高層建築の建築プロジェクトを強力に支援した（ミクロレベル）。超高層建築の建設に必要となる新しい建設工法や防火，耐震技術が開発された。象徴的な霞が関ビルの建設の後，超高層ビル建設のために生み出された技術に伴い，建設会社における設計・施工の業務内容の変化をはじめ，関連法規・基準の改正や高層ビルに適した部材メーカーが誕生・成長など多様な変化が生じた。また，不動産市場においても超高層ビルが高く評価され，その後の建設ラッシュにつながるとともに，都市景観，都市計画のあり方も影響を受け，大学等の教育機関においても教育カリキュラムの変更などがなされた[15]。

　このように，新しい構造への変化過程においては，もの・しくみ・ひとにかかわる要素が同時に，互いに影響を及ぼしながら変化を起こす。このような過程は，「共進化過程」（Co-evolution）と呼ばれる。

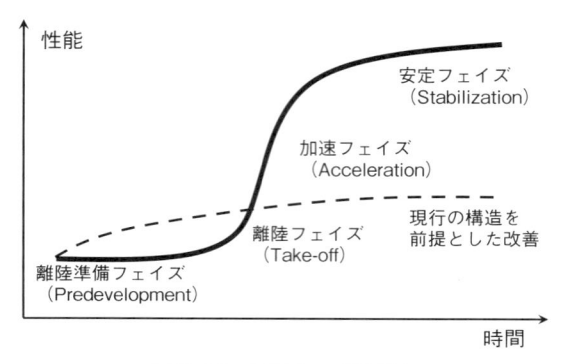

第2部　持続可能社会を導くシナリオ・評価・イノベーション

図5-12　S字カーブモデル

5.4.5　構造的変容過程のモデル

これまで述べてきたような構造的な変容の過程をシンプルに表したものが図5-12に示すS字カーブモデル[13]である。構造的転換の過程は離陸準備（Predevelopment），離陸（Take-off），加速（Acceleration），安定（Stabilization）の各フェイズに分類される。離陸フェイズでは新しい構造が小さいスケールで確立し，徐々に拡大している段階であり，加速フェイズでは共進化的に新しい構造が形成される。このフェイズでは徐々に構造的な変化が減少し，構造内部での改善が生じるようになる。そうして社会システムの構造が安定化したフェイズが安定フェイズである。

図5-12は縦軸に社会システムの性能を取り，点線で現行の構造を前提として改善を行った場合の性能の変化を概念的に表現した。現行の構造を改善する場合，改善の初期では大きな効果が達成されるが，達成可能な性能の水準には限界がある。一方，構造的な変容が生じる場合，長期的には，改善によって達成可能な水準を大きく上回る性能の向上が得られる可能性がある。

5.5　構造的変容の誘導の方法

前節で説明した構造的変容が生じるメカニズムを前提とすると，より効率的に構造的変容を誘導し，より望ましい構造を実現するための方法を検討す

ることができる。その方法の一つとして，戦略的ニッチ管理（Strategic Niche Management）[16)][17)] が提案されている。

前述の超高層ビル建設の事例において日本政府が行ったことは戦略的ニッチ管理の一例といえる。この事例では建設工法など多様な分野の専門家が参画して，超高層ビルの建設をはじめ保守性，防火性，耐震性などを確保するために必要な技術，もの・しくみ・ひとの一連の要素が慎重に検討され，社会的機能を充足する新しい構造が確立された。その後，確立された構造が共進化的に発展し，社会システムの構造変容が導かれた。

この事例のように，戦略的ニッチ管理はミクロレベルにおける代替構造を確立し，そこでの成功を拡大して構造的変容につなげることを指向するボトムアップ型の方法である。主に離陸フェイズに対応し，次の問いに答えようとするものである。

- 構造的転換をいかにスタートするか（新しい取り組みを成功させるか）？
- 小さいスケールで確立した新しい構造によって，いかに現行の構造を置き換えていくか？

Multi-level Perspective では3階層の一番下にニッチが配置されている。戦略的ニッチ管理ではこのニッチに注目する。ニッチには，すでに代替構造が確立されている場合と確立されやすい条件がそろっている場合の両方がある。また，超高層ビルの建設のように，人的資源のコーディネート，予算配分の工夫，特区の認定などにより政府や自治体がある程度意図的に創出することも可能である。

戦略的ニッチ管理において重要な点は，社会的機能を提供する構造の確立である。新しい技術は技術単体では社会的機能をもたないため，社会的機能を提供するための構造を検討の対象とする必要がある。通常，技術の社会実験では技術の性能や経済性などの技術的側面が評価の対象とされることが多いが，これに加えて，機能要件を満たすための体制，ユーザーのニーズ，規制，制度，規範，運用者の技能など機能提供に必要な構造についての学習を行う必要がある。通常，これらの非技術的な関連要素は現行の構造に適合す

る形で蓄積されているものであり，新しい技術に適したものではない可能性もある。その場合は新しい構造の成立を妨げるように働く可能性もあることから，前提としてきたルールや構造の成立要件の見直し，ニッチの保護策の調整により新しい構造の確立，拡大の可能性を検討する。

通常，新しい構造は現行の構造と比較して競争力が弱い。そのため，普及させるためには，弱い部分について保護し，成立要件を緩和する必要がある。戦略的ニッチ管理では，新しい構造が成立し普及するための保護を行い，新しい構造が成立しやすい条件を創出して社会実験を行う。このためには場所や時期，ユーザーグループを適切に選択することが重要である。

社会的機能を提供する構造が確立された場合，次のプロセスとして創出された構造の普及拡大を検討する。追加的な社会実験の実施のほか，新しい構造が継続し，拡大できるように，初期のニッチ以外の地域に新しい構造の普及させる方法を計画・実施する。さらにはより上位のシステムにおいて制度的埋め込みが可能であるか検討する。具体的には，継続的な予算措置や制度化，技術の標準化など多様な方法が考えられる。

このようなニッチと現行の構造の相互作用が予想されることから，戦略的ニッチ管理の最初のプロセスとして問題構造の理解は不可欠である。検討の対象とする既存のシステムを定義し，これらを構造転換するためにどのような構造（もの・しくみ・ひと）で置き換えようとしているのか明らかにする必要がある。前述の構造変動を抑制する力として作用する要件（公的なルールからユーザーの期待まで）や，要素の変化のしやすさ・変化の期間など，静的特性・動的特性を分析する。ここではシステムが提供する社会的機能を満足するために形成されている幅広い要素を考慮する必要がある。多くの場合，既存の構造が形成されてきた経緯のレビューが有効である[18]。

5.6 まとめ

温室効果ガス排出量の大幅削減を実現するためには，個々の要素技術における技術革新，革新技術を核とする産業イノベーション，産業より創出され

る新しい製品を普及させ，社会で効用を生み出させる社会システムイノベーション，このすべてが必要である。また，技術の専門家は社会がどのように変化するのか，また，社会システムの専門家は技術革新がどのように起こるのか，相互理解をすることによってより効果的に温室効果ガス排出量の削減を達成できると考えられる。このような背景から，本章では，要素技術の革新から，社会システムにおけるイノベーション（変革）までを概観した。そのうえで，技術産業におけるイノベーションを効果的に社会の変革につなげる支援を行う方法として戦略的ニッチ管理を紹介した。

戦略的ニッチ管理は現行の社会システムの構造を前提とせず，社会的機能を充足するための代替構造を確立し，代替構造の発展によって社会システムの構造的変容を導こうとするものである。通常，社会システム構造を構成する要素（技術，もの・しくみ・ひと）は現行の構造に適合する形で蓄積がされているため，新しい技術の普及を目的とする場合は，当該技術に適したものになっていない可能性がある。これらの要素との関係を見直し，社会実験等を通して新しい構造を確立することが重要である。社会実験においては，実施場所や時期，対象とするユーザーグループの適切な選択，人的資源のコーディネート，予算配分の工夫，制度や成立要件の緩和等により代替構造が成立しやすい条件を作り出すことが有効であり，自治体でも実施が可能である。

参考文献

1) 新エネルギー・産業技術総合開発機構（NEDO）(2004), 2030年に向けた太陽光発電ロードマップ（PV2030）.
2) 2050日本低炭素社会シナリオチーム（2007), 2050日本低炭素社会シナリオ：温室効果ガス70%削減可能性検討.
3) 環境省地球温暖化対策に係る中長期ロードマップ検討会（2010), 地球温暖化対策に係る中長期ロードマップ（議論のたたき台）.
4) 低炭素都市推進協議会，環境モデル都市構想ホームページ，http://ecomodelproject.go.jp/, アクセス日2010年8月25日
5) 高橋康夫 (2004), 21世紀の環境革命を担う電子実装技術動向，高温学会誌, **30**, 16–23.

6) 環境省環境白書 2010：http://www.env.go.jp/policy/hakusyo/zu/h22/html/
7) Kawahashi, A.（2004）*A New-Generation Hybrid Electric Vehicle and Its Supporting Power Semiconductor Devices,* in Proceedings of 2004 International Symposium on Power Semiconductor Devices & ICs（ISPS）, 23–27.
8) Takahashi, Y., and Maeda, M.（2006）Application of Solid State Bonding to Manufacturing Eco Products, *Smart Processing Technol.* **1**, 163–166.
9) 高橋康夫（2009），環境調和エレクトロニクス実装への微細固相接合応用と今後の展望，電子情報通信学会論文誌 C，**J92-C**，581–594.
10) 徳田人基ら（2010），200℃動作 SiC スイッチングモジュールの開発，*JEIP*, **13**, 280–287.
11) 富永健一（1995 年）『行為と社会システムの理論：構造―機能―変動理論を目指して』東京大学出版会．
12) IPCC（The Intergovernmental Panel of Climate Change）.（2007）Climate Change 2007, the IPCC Fourth Assessment Report.（IPCC 第 4 次報告書）．
13) Rotmans, J., Kemp, R. and van Asselt, M.（2001）More evolution than revolution: Transition management in public policy. *Foresight*, **3**, 1–17.
14) 上野貴弘，城山英明，白取耕一郎（2007），カーシェアリング導入における社会実験と学習効果，『エネルギー技術の社会意思決定』第 4 章（鈴木達治郎，城山英明，松本三和夫編）．
15) Yamaguchi, Y. and Shimoda. Y.（2009）Historical transition of the dominant practice in the Japanese commercial sector. *The Proceedings of the ECEEE*（European Council for Energy Efficient Economy）Summer Study. 1853–1863.
16) Schot, J., and Frank, W., Geels.（2008）Strategic niche management and sustainable innovation journeys: theory, findings, research agenda, and policy. *Technology Analysis & Strategic Management*, **20**, 537–554.
17) van der Laak, W.W.M., Raven, R.P.J.M. and Verbong, G.P.J.（2007）Strategic niche management for biofuels: Analysing past experiments for developing new biofuel policies. *Energy Policy*, **35**, 3213–3225.
18) 山口容平，木村道徳，松井孝典，津田和俊（2010），社会システムの構造変化メカニズムに基づく低炭素都市への転換施策立案支援モデルの開発，第 38 回環境システム研究論文集，87–92.

第 6 章

環境政策と技術革新
―ダイオキシン排出削減および家電リサイクルにおける日本の経験から―

ヤバール　ヘルムート

6.1 はじめに

　資源消費と環境負荷を最小限に抑えつつ，いかに経済成長を促進していくか，ということは現代社会が直面する最大の課題の一つである。現在の経済システムは，さまざまな製品が売買され，消費されることによって成り立っているが，資源の採掘から製品の生産，廃棄にわたるライフサイクルの中では，きわめて非効率な資源利用がおこなわれているのが実情である。この非効率な資源利用のシステムの下で，現在の我々の生活や経済システムを維持するために，資源の浪費に加え，さまざまな環境負荷を発生させてきたのである[1]。

　「技術革新」は，いうまでもなく，人々の生活をより安全でより快適なものにする上で中心的な役割を果たしてきた。また，効率的な資源利用を追求していくためにも「技術革新」が一つの鍵となる。環境に優しい，持続可能な社会作りを進めていく上で，この技術革新が果たす役割はきわめて大きいのである。ところで，伝統的な経済学では，政府の介入は，企業の競争力を損ない，経済成長の妨げになると考えてきた。現在の経済システムにおいては，この考え方が支配的であり，技術革新の発生メカニズムを主に市場に任せ続けてきたところがある。その結果，持続可能な社会づくりに必要な要素技術や技術システムの開発，普及が必ずしも効果的に進まないこともあった[2]。今一度，規制や政策が技術革新に及ぼす影響，政策の効果を検証しておく必要があろう。

通常，環境に関係する技術について「イノベーション」が発生するプロセスは，環境問題や資源枯渇などの問題に対する社会不安の増大が1つのきっかけとなることが多い。政府はこのような社会不安に対処すべく，汚染物質の排出基準を設定し，寿命を迎えた製品（使用済み製品）に対してリサイクル目標を定めるなど，規制を強化する動きにでる。そして，産業部門がこれらの規制に対処，対応を行っていくなかで，いわゆる技術革新が引き起こされる，というイノベーションプロセスが想定される。

本章では，環境規制と技術革新との関係について，日本のダイオキシン対策および家電のリサイクルに関する経験をもとに，このイノベーションプロセスについて考察を試みる。これらの議論を進めるために，まずは，日本の廃棄物政策の歴史を概観する。その上で，日本の特許データベースを用いることで，適切な規制が環境技術の開発を誘発促進することができるかを検証する。なお，本章では技術革新・イノベーションの定義を広く捉え，「関連技術が開発され社会に普及する度合いや可能性」と位置づけて議論する。

6.2 体系的な技術革新アプローチの枠組み

「市場」は技術革新を誘発する上で適したメカニズムであると言われてきた。20世紀はじめのオーストラリア人経済学者，シュンペーターによれば，技術革新は，企業家が利潤を追求する産物であり，その結果として経済発展がもたらされる，とされている[3]。この技術革新，イノベーションが起こる過程は基本的に次の3段階に分けられる。すなわち，新たな発想を生み出す「発明」，続いて，新たな発想を市場性のある製品やプロセスに具体化する「技術革新」，そしてこうして誕生した新製品や新プロセスを市場全体に広める「普及」，の3つの段階である[4]。

さて，技術革新は企業家の利潤追求という動機から起こりうると述べた。そうだとすれば，生産要素の価格の変化が技術革新を促す重要な要素であると考えられる。たとえば，特定の材料価格が上昇すれば，その材料を節約するような技術が開発されるだろう。この考え方は「誘発的技術革新仮説」と

呼ばれる[5]。一方で，政策や規制といった他のメカニズムが存在する場合も，企業として，新たな技術をもって障壁を打ち破る行動に出ることで，結果として「ニッチ市場」が開拓される可能性がある。たとえばこれが，環境に関する政策であれば，環境分野における技術革新や新たな市場創設のきっかけとなりうる。

次に，企業経営の観点から技術革新をみてみよう。開発されたさまざまな技術は，市場にたどり着くまでに，研究開発（R&D），実証，商業化のテスト，支援付きの商業化，完全な商業化という5つの段階を経ることとなる[6]。このプロセスの中で，技術を創出する側と技術を利用する側の間には複雑な相互作用が発生する。したがって，過去の経験を検証し，この複雑なプロセスの中で，失敗や障壁を特定化し，その障壁を乗り越えるための解決策を提起していくことも，効果的な環境技術政策を提案する上で重要である[2]。

筆者を含むサステイナビリティ・サイエンス研究機構の研究グループでは，持続可能な技術革新が，次の3つの要素の相互作用により効果的に促進されるという仮説を打ち出した。その3つの要素とは，1）より持続可能な技術を求める社会からの需要（需要牽引），2）社会の要請に応える技術開発（技術推進），そして3）環境問題等に対する社会の懸念を総体的に調整，管理，解決する制度的枠組み（政策推進），である[2]。これら3つの要素の相互作用に基づき，持続可能性に向けた道筋を描くことにより，持続可能な社会へと移行するための長期的ビジョンまたは具体的な中長期戦略目標を提案することができると考えている（図6-1）。これは、持続可能社会へ向けた体系的な技術革新アプローチの枠組み，ともいえる。また，この議論を環境技術革新プロセスの観点から描いたものが図6-2である。まず政府が，環境問題に対する社会の懸念や不安に対処するために環境政策や環境規制を導入する（需要牽引と政策推進）。それをうけて，技術開発を担う産業部門は，規制などの政策上の要求事項に対応するために，その開発を進めることになる（技術推進）。これらの結果，環境関連の技術が生まれ，イノベーションが引き起こされる，というモデルである。

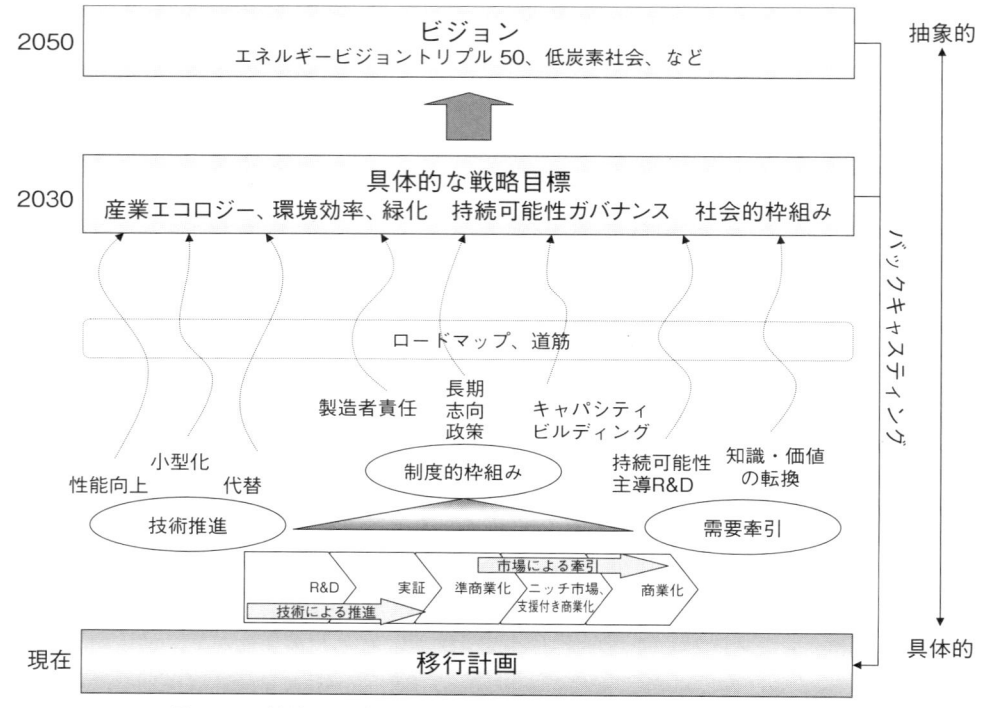

第 2 部　持続可能社会を導くシナリオ・評価・イノベーション

```
2050 ┃ ビジョン                                         ┃ 抽象的
     ┃ エネルギービジョントリプル 50、低炭素社会、など      ┃
              ↑
2030 ┃ 具体的な戦略目標                                                    ┃
     ┃ 産業エコロジー、環境効率、緑化　持続可能性ガバナンス　社会的枠組み      ┃
                                                                        バックキャスティング
     ┃ ロードマップ、道筋 ┃

                    製造者責任   長期        キャパシティ
                                志向        ビルディング
                                政策                    知識・価値
       小型化                                持続可能性    の転換
 性能向上    代替      制度的枠組み           主導R&D
     技術推進                                 需要牽引

                   R&D  実証  準商業化  市場による牽引  商業化
                                    ニッチ市場、
                   技術による推進     支援付き商業化

現在 ┃ 移行計画                                                           ┃ 具体的
```

図 6-1　持続可能社会への移行に向けた体系的技術革新アプローチ

6.3　日本における廃棄物政策の変遷

　この節では，本章の中心的な内容である，ダイオキシン対策，家電リサイクルにかかわる技術革新プロセスを理解するために，まずは日本における廃棄物政策の変遷を見てみたい。

　1954 年の清掃法制定以来[7]，日本の環境政策，そして廃棄物管理政策は急速な変化を見せた。図 6-3 にあるように，日本の廃棄物処理政策は大きく 4 つの段階・時期を経て展開してきたといえる。まず，第二次世界大戦後の復興期には，日本社会において産業化と都市化が急速に進み，都市廃棄物が大

第6章 環境政策と技術革新

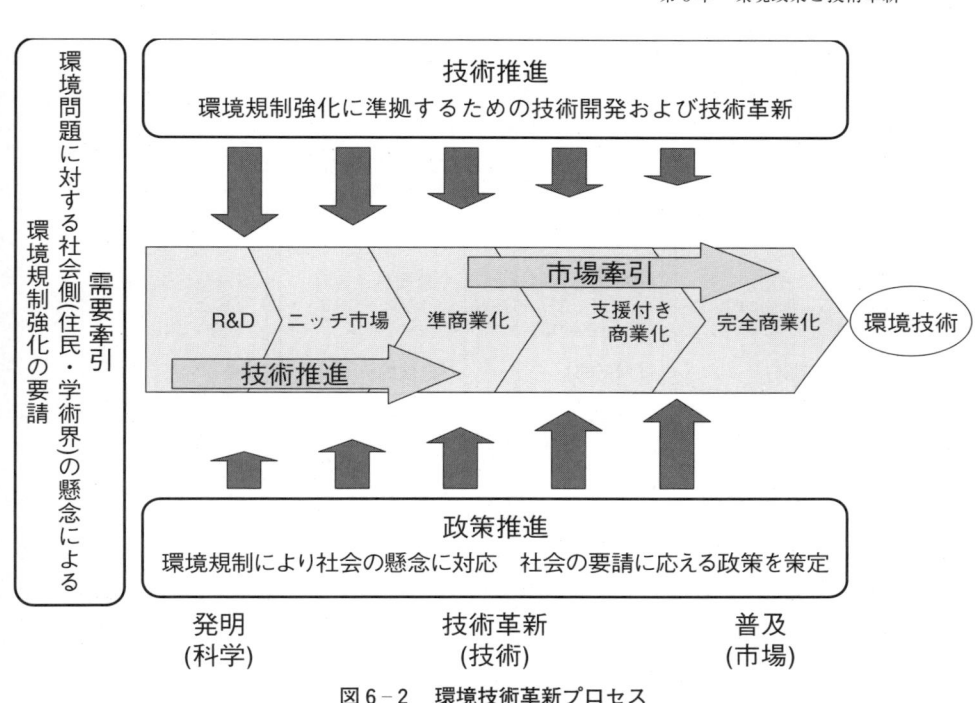

```
環境問題に対する社会側(住民・学術界)の懸念による環境規制強化の要請
```

技術推進
環境規制強化に準拠するための技術開発および技術革新

需要牽引

R&D → ニッチ市場 → 準商業化 → 支援付き商業化 → 完全商業化 → 環境技術

市場牽引

技術推進

政策推進
環境規制により社会の懸念に対応　社会の要請に応える政策を策定

発明 (科学)　　技術革新 (技術)　　普及 (市場)

図 6-2　環境技術革新プロセス

量に排出されるようになった。当時の政策は、こうした大量の都市廃棄物に由来する公衆衛生問題に対応するための"対症療法的"な対策がその中心的な関心であった。続く高度成長期には、日本経済がさらに成長し、人々の生活様式は大きく変貌した。この生活様式の変化は、大量消費による廃棄物の急激な増加をもたらしたが、その増加は、政府の予想を超えるものであった。また、産業セクター由来の不燃性の廃棄物が著しく増加し、その処理方法も大きな問題となった[8]。急激な経済成長が、産業活動に関連した環境汚染と、それによる尽大な健康被害をもたらしたのは周知のところである[9]。

政府はこれらの問題に対応すべく「廃棄物の処理及び清掃に関する法律」を1970年に制定した。この法律は、最終処分する廃棄物の量を減らし、有害物質を含む廃棄物の処理について厳しい基準を課すことで、国民の健康を保護することを目的としたものである。同法は現在の日本の環境政策の一つ

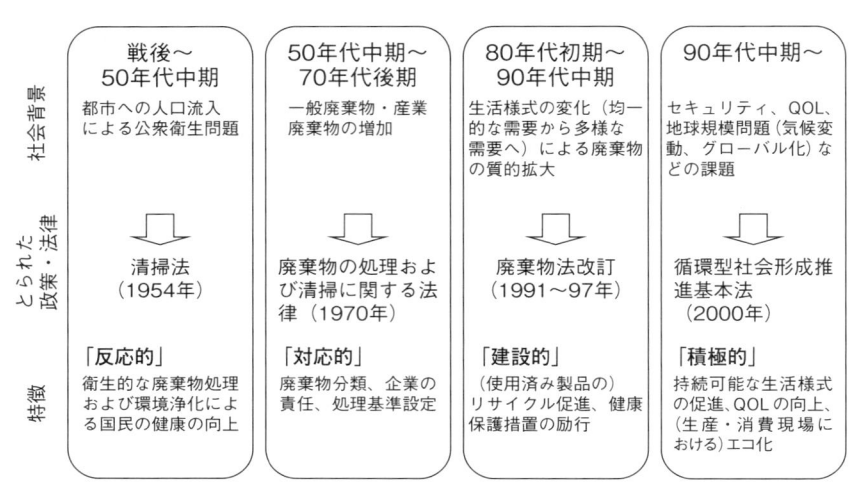

第 2 部 持続可能社会を導くシナリオ・評価・イノベーション

社会背景	戦後〜50年代中期	50年代中期〜70年代後期	80年代初期〜90年代中期	90年代中期〜
	都市への人口流入による公衆衛生問題	一般廃棄物・産業廃棄物の増加	生活様式の変化（均一的な需要から多様な需要へ）による廃棄物の質的拡大	セキュリティ、QOL、地球規模問題（気候変動、グローバル化）などの課題
とられた政策・法律	清掃法（1954年）	廃棄物の処理および清掃に関する法律（1970年）	廃棄物法改訂（1991〜97年）	循環型社会形成推進基本法（2000年）
特徴	「反応的」衛生的な廃棄物処理および環境浄化による国民の健康の向上	「対応的」廃棄物分類、企業の責任、処理基準設定	「建設的」（使用済み製品の）リサイクル促進、健康保護措置の励行	「積極的」持続可能な生活様式の促進、QOLの向上、（生産・消費現場における）エコ化

図 6-3　日本における環境政策・廃棄物管理政策の進展

の柱にもなっている。たとえば，同法において初めて，廃棄物は発生源別に一般廃棄物と産業廃棄物とに分類されることとなった。また，拡大生産者責任（extended producer responsibility: EPR）という概念が導入されたことにも大きな意味があった。

　その後，日本経済は 1970 年代，80 年代を通じて拡大し続け，国民の生活様式はさらに変化した。個人所得の増加とともに，消費される製品が多様化し，廃棄物は量・質ともに拡大した。このような中，プラスチック製の容器や包装，金属製の缶など新しい種類の廃棄物に対応するため，政府は 3R 原則（リデュース（廃棄物の発生抑制）・リユース（再利用）・リサイクル（再資源化））に基づく特別法を制定した。なかでも個別法として，容器包装リサイクル法（1995 年），家電リサイクル法（1998 年），建設リサイクル法（2000 年），グリーン購入法（2000 年），食品リサイクル法（2000 年），自動車リサイクル法（2002 年）を制定したのである[10)][11)]。これらの法律は，最終処分場に持ち込まれる廃棄物量を減らすことを主眼としたが，同時にリサイクル率を上げることにより，とくに製品ライフサイクルのうちで下流段階における資源効率を高めることにもつながった。

1990年代以降，地球規模での環境問題の顕在化を受けて，日本政府は廃棄物に関するこれらの特別法とともに，国際的なレベルにおいても，積極的な姿勢で環境政策を主導してきたのである。また，この時期，経済成長と環境負荷を切り分ける概念である「デカップリング」の推進に注力し，持続可能な生産・消費の原則方針に基づく持続可能な生活様式の促進，あるいは，環境リスクの削減や生物多様性の保護に基づいた生活の質の向上，さらに低炭素化施策による気候変動防止への取り組みを促進するなど，現在の統合的な政策アプローチをとるに致ったのである[12]。

6.4　技術革新に対する政策の影響

本節では，個別の廃棄物政策がそれぞれの分野における技術革新にどのような影響を与えたのか，具体的にダイオキシンとリサイクルの例を取り上げて検証していきたい。

6.4.1　ダイオキシン発生の抑制にかかわる政策

1970年に制定された「廃棄物の処理及び清掃に関する法律」の後押しもあり，焼却をはじめとした高速・大容量の廃棄物処分技術が重要視された。日本は人口規模に対し国土の小さいいわゆる人口過密国であり，最終処分場の確保が難しいことから，廃棄物を大幅に減容できる焼却技術が重視されてきたといえる。また自治体は1970年代は，日々排出される廃棄物がそれほど大量でなかったことから，その多くが小型バッチ式と呼ばれる焼却炉を使用していた。一方，先述したように1980年代に入ると経済成長に伴って人々の生活水準が向上し，廃棄物の量の拡大のみならず質の変化も招くこととなった。生活様式の変化は，細かく梱包された製品に対する需要を生み出した。その結果，産業廃棄物としても家庭ごみとしても大量の廃プラスチックが排出されたが，そのほとんどが小型バッチ式焼却炉で処理されていた[13]。

このバッチ式焼却炉は低温焼却を行うため，ダイオキシンの排出に結びつ

第2部　持続可能社会を導くシナリオ・評価・イノベーション

種類別焼却炉数の変化

■固定バッチ　■コンピュータバッチ　□準連続式　□連続式

ダイオキシン排出傾向

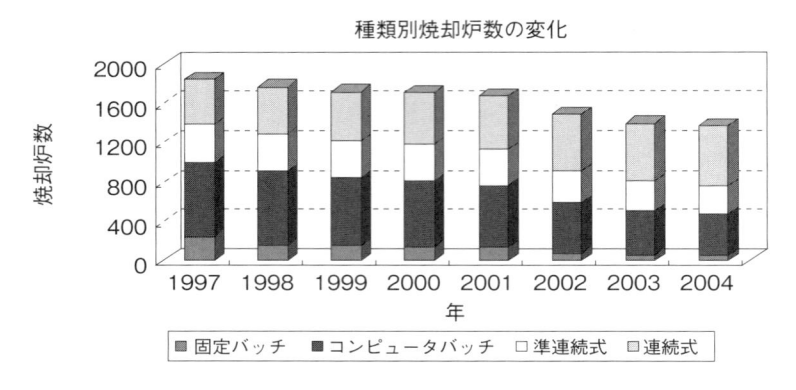

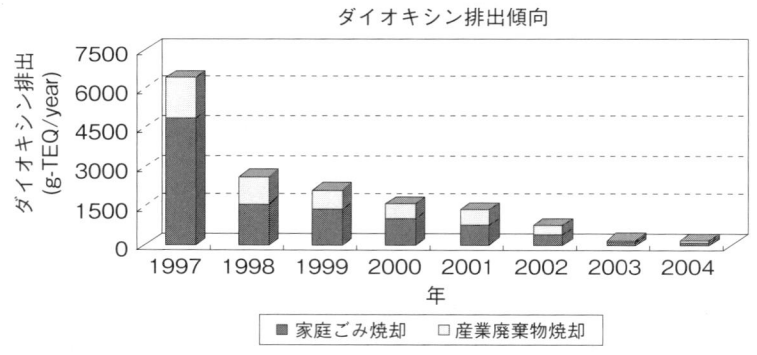

■家庭ごみ焼却　□産業廃棄物焼却

図6-4　ダイオキシン発生に対する政策の影響

くことが指摘されおり[14)][15)]，1990年代初期から，プラスチックを焼却することで排出されるダイオキシンの発生，そして健康被害への懸念が社会に広がり始めた。いわゆる6.1でも述べた，社会不安の発生，である。これをうけて，政府はこのダイオキシン問題に対応すべく，1999年にダイオキシン類対策特別措置法を導入したのである[16)]。同法では2003年までに，ダイオキシン排出を1997年比で90%削減することを目標として掲げた。これにより，各自治体では，小型のバッチ焼却炉から連続式焼却炉への転換，ダイオキシンを捕捉する技術の導入が促されることとなった。このような，規制導入の結果，図6-4に示されるように，法律が掲げた削減目標を上回る効果が得られたのである[17)]。

表6-1　家電リサイクルに対する政策の影響

家電の種類	リサイクル目標	リサイクル率					
		2001	2002	2003	2004	2005	2006
エアコン	60%	78%	78%	78%	82%	84%	96%
テレビ	55%	73%	75%	75%	81%	77%	77%
冷蔵庫	50%	59%	61%	61%	64%	66%	71%
洗濯機	50%	56%	60%	60%	68%	75%	79%

注：同法で規定される目標，実績指標は正確には「再商品化率」である。

6.4.2　特定の廃棄物のリサイクル措置

6.3で見てきたように，日本の廃棄物政策は，基本的には，資源の有効活用の促進と，生産・消費システムがもたらす環境や健康への影響を最小化することに重点をおいてきた。1990年代初期，政府は3R原則に基づき容器包装リサイクル法，家電リサイクル法，建設リサイクル法，グリーン購入法，食品リサイクル法，自動車リサイクル法など数々の法律を制定したことは先に述べた通りである[14]。たとえば家電リサイクル法を見てみると，同法が対象とするエアコン，冷蔵庫，テレビ，洗濯機の四製品について，結果的には，リサイクル目標が達成されたことが観察される（表6-1）。

6.4.3　政策や規制の影響についての分析

このように，統計の上では各廃棄物の対象における政策目標が達成されてきたことがわかる。しかし，実際に，環境政策が特定の技術革新を引き起こすきっかけとなりえたかどうかを結論付けるには，もう一歩踏み込んだ客観的な検証が必要である。そこで，以下では日本の特許データベース用い，ダイオキシン発生抑制とリサイクルに関する政策の影響についてより詳細に検証してみたい。

近年，技術革新を測る指標として特許データが整備され，技術革新と政策との関係を分析する研究が増えつつある。この特許データを活用することによって，技術革新に対する環境政策の影響をさまざまな角度から分析する上でも，いくらかの利点を得ることができる[9][10]。たとえば，特許を分類する

表6-2　ダイオキシン排出削減技術に関する特許一覧

特許分類 (IPC)	指定コード	特許群概要
F23G5/027	P1	廃棄物焼却：熱分解またはガス化の工程を有するもの
F23G7/06	P2	産業廃棄物を焼き尽くすための焼却または他の装置 ：廃ガスまたは有毒ガス，例）排気ガスのためのもの
F23J1/00	P3	燃焼室からの灰，スリンカ，スラグの除去
F23J3/00	P4	火の届かない通路または室からの固体の残渣の除去
F23J15/00	P5	煙またはガスを処理するための装置の配置
F23J15/00 *	P6	煙またはガスを処理するための装置の配置 (* SOx，NOx は考慮せず)
F23N5/00	P7	燃焼制御のシステム
B01D46/00	P8	ガスまたは蒸気から分散粒子を分離するために特に改良されたろ過機またはろ過工程
B01D53/00	P9	ガスまたは蒸気の分離，ガスからの揮発性溶剤蒸気の回収，煙，煙霧，または排ガスの化学的洗浄
B09B3/00	P10	固体廃棄物の破壊あるいは固体廃棄物の有用物化もしくは無害化
B09B3/00 *	P11	固体廃棄物の破壊あるいは固体廃棄物の有用物化もしくは無害化 (*プラスチックおよびゴムに特化)

IPC: International Patent Classification（国際特許分類）

ことで，特定の技術分野における技術開発の進展状況を正確に捉えることが出来る。また，特許申請の日付や，研究開発の経年情報あるいは特許の引用数から，技術開発のトレンドを把握することができる。ここでは本章で対象としているダイオキシン発生抑制とリサイクルにかかわる特許データを用い，環境政策が技術革新へ及ぼした影響について検証した結果を紹介する。

　検証作業は以下のような流れである。まず，ダイオキシン排出抑制と家電リサイクル制度の両方について，日本で申請された関連特許を技術のタイプごとに洗いだした。表6-2と表6-3に，両分野に関する特許群をまとめて

第 6 章　環境政策と技術革新

表 6-3　家電リサイクル技術に関する特許一覧

特許分類 (IPC)	指定コード	特許群概要
B01D21/00	R1	沈殿による液体から懸濁固形粒子の分離
B03C1/00	R2	磁気分離
B03C1/00 *	R3	磁気分離（*固体相互の分離）
B03C1/02	R4	磁気分離装置
B03C7/00	R5	固体から固体の静電力による分離
B03C7/02	R6	固体相互の分離装置
B03B5/00	R7	粒子，粉末または凝集材料の洗浄；湿式分離
B03B5/28	R8	浮沈分離
B07B1/00	R9	金網または格子またはグリット等を使用する固体相互のふるい分け
B07B4/00	R10	気体流れに固体混合物を随伴させることによる固体相互の分離
B07B7/00	R11	気体流れにより固体材料を運搬または分散して選別するもの

IPC: International Patent Classification（国際特許分類）

いる。ダイオキシン排出抑制関連，リサイクル関連それぞれの分野で 11 の特許（技術）のタイプがあることがわかる。この特許分類に基づき，経年ごとにその特許数を集計した。図 6-5 は，1990〜2008 年までのダイオキシンと家電それぞれに関する特許件数の傾向を示したものである。次に，環境規制（法律の存在）が環境部門における研究開発に影響を及ぼしたかどうかを評価するために，規制に関連した特許件数の平均について，同規制が存在する期間としない期間との間で分けて統計手法を用いて比較した。ダイオキシンについては，1990〜1996 年，1997〜2003 年，2004〜2008 年の 3 期間に分割した。これは，ダイオキシン法は 1997 年に制定されており，施行が 1999 年，そして排出基準の達成が 2003 年であるという理由からである。家電製品については，1990〜1998 年と 1999〜2008 年の 2 期間に分割した。ここで

表6-4　t検定結果－規制の有無による特許件数の違い

特許種別	t検定における仮定	特許種別	t検定における仮定
ダイオキシン排出削減	$H: \mu^{law} - \mu^{non\text{-}law} > 0$	リサイクル	$H: \mu^{law} - \mu^{non\text{-}law} > 0$
Type P1	***	Type R1	**
Type P2	***	Type R2	**
Type P3	***	Type R3	*
Type P4	**	Type R4	***
Type P5	***	Type R5	**
Type P6	***	Type R6	**
Type P7	*	Type R7	**
Type P8	*	Type R8	**
Type P9	**	Type R9	**
Type P10	***	Type R10	棄却
Type P11	***	Type R11	棄却

注：***，**，*は，それぞれ1%，5%，10%の統計的有意性を示す。ダイオキシン法が存在していた規制期間は1997～2003年，リサイクル法が存在していた期間は1999～2008年である。

は，家電リサイクル法の制定が1999年，施行が2001年であることを考慮している。図6-5にはそれらの期間が区別できるように縦線を引いている。当然ながら，政策の影響がある期間の平均特許数のほうが，影響がない期間のそれよりも多い，ということが，ここでの分析で期待される結果である。

　表6-4にそれぞれの分野で，これら異なる期間における特許数の平均の差を検定した結果（t-検定の結果）を示している。総じて，多くの種類の特許タイプにおいて，平均の差が統計的に有意であったことが示された。すなわち，規制が有効であった期間の方が，規制が存在しない期間あるいは規制目標が達成された以降の期間に比べて関連する特許数が多いことが見て取れる。先ほどの目標達成にあわせて鑑みると，適切な規制により，ある程度の環境技術の開発が誘発されたことがわかる。すなわち，規制と技術開発，あるいは技術革新との関連性が客観的にも読み取れるのである。

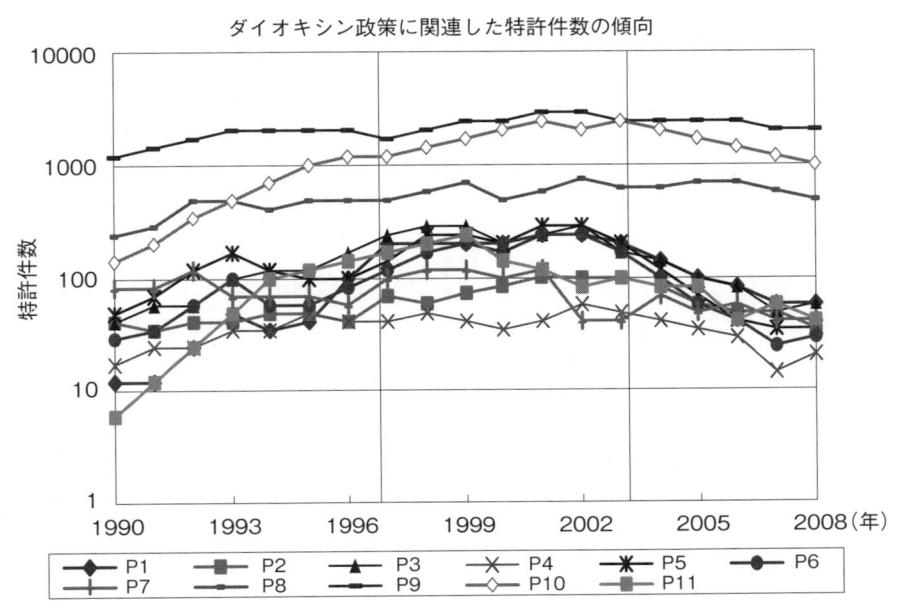

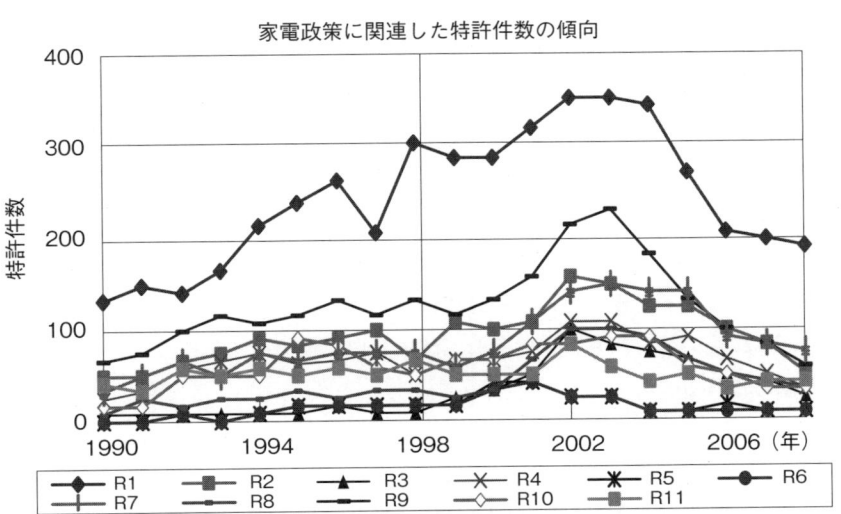

第6章 環境政策と技術革新

ダイオキシン政策に関連した特許件数の傾向

家電政策に関連した特許件数の傾向

図6-5 ダイオキシンおよび家電関連技術革新に関する特許件数の傾向
P1～P11は表6-2，R1～R11は表6-3にある指定コードに対応する。

6.5 終わりに

　本章では，持続可能社会へ向けた体系的技術革新アプローチのモデルを示した上で，廃棄物焼却から発生するダイオキシンの対策および家電リサイクルにおける日本の経験をケーススタディとして，廃棄物政策や関連する規制が技術革新に及ぼす影響について，特許件数の変化から分析した。もちろん技術革新・イノベーションが引き起こされる詳細なメカニズムを議論するためには，より多角的な視点から検証する必要がある。しかしながら本章で見たように，環境政策（規制）と，特許件数の動向との関係を見ておくことで，いくつかの示唆，仮説を得ることもできると考える。日本の廃棄物政策では，特定の廃棄物に対しリサイクルの目標値を設定したことが，技術革新を誘発する上で重要な役割を果たしたと観察された。このような政策や規制は，具体的なリサイクル目標を達成するための技術革新を後押ししたばかりでなく，製品ライフサイクルの上でも，エコ設計など別の方面からも技術革新を推し進めた可能性も示唆される。たとえば，製造業はリサイクルしやすい製品として設計することが，最終的には製品使用後の無駄を省くことになると認識すれば，このような技術変化の連鎖が起こる可能性もある。この点についての詳細な検証は今後の課題としたい。また，今回は深く扱わなかったが「適切なレベルの規制」とはどのようなものか，という点についても図6-1，6-2で示したモデル（仮説）を土台にしつつ，さらに理解を深めていく必要があると考える。また目標達成後における，イノベーション減退のメカニズムについても，さらに吟味し，望ましい政策デザインを考えていくことが求められる。

参考文献

1) Hawken, P., Lovins, A. and Lovins, L.（1999）*Natural Capitalism: creating the next industrial revolution*. Little, Brown & Company, Boston, USA.
2) Morioka, T., Saito, O. and Yabar, H.（2006）The pathway to a sustainable industrial so-

ciety— initiative of the Research Institute for Sustainability Science (RISS) at Osaka University. *Sustainability Science*, 1, 65-82.
3) Schumpeter, J. (1942) *Capitalism, Socialism and Democracy*. Harper and Row, New York.
4) Stoneman, P. (1995) *The Handbook of Economics of Innovation and Technological Change*. Blackwell, Cambridge MA.
5) Hicks, J., R. (1932) *The Theory of Wages*. Macmillan, London.
6) Foxon, T., Gross, R., Chase, A., Howes, J., Arnall, A. and Anderson, D. (2005) The UK innovation systems for new and renewable energy technologies. *Energy Policy*, 33 (16), 2123-2137.
7) Tanaka, M. (1999) Recent trends in recycling activities and waste management in Japan. *Journal of Material Cycles and Waste Management*, 1, 10-16.
8) Ministry of Environment. (2006) Sweeping Policy Reforms towards a Sound Material-cycle Society" Starting from Japan and Spreading over the Entire World: the 3R Loop Connecting Japan with Other Countries. MOE Planning Division Waste Management and Recycling, Tokyo, Japan.
9) Ministry of Environment. (2005) Japan's Experience in the Promotion of the 3Rs. MOE, Tokyo, Japan.
10) Ministry of Economy, Trade and Industry. (2004) Handbook on resource recycling: legislation and trends in 3R. METI, Tokyo, Japan.
11) Ministry of Economy, (2006) Trade and Industry. Global Economic Strategy: summary. METI, Tokyo, Japan.
12) Yabar, H., Hara, K. and Zhang, H. (2008) Impact of environmental policy on technology innovation: the case of Japan. *Papers on Environmental Information Science*. 22, 37-42.
13) Plastic Waste Management Institute. (2004) An Introduction to Plastic Recycling. PWMI, Tokyo, Japan.
14) Bagnati, R., Benfenati, E., Mariani, G., Fanelli, R., Chiesa, G. Moro, G. and Pitea, D. (1990) The combustion of municipal solid waste and PCDD and PCDF emissions. On the real scale thermal behavior of PCDD and PCDF in flue gas and fly ash, *Chemosphere*. **20**(1), 1907-1914.
15) Ohta, S., Kuriyama, S., Nakao, T., Aozasa, O. and Miyata. H. (1997) Levels of

PCDDs, PCDFs and non-ortho coplanar PCBs in soil collected from high cancer causing area close to batch-type municipal solid waste incinerator in Japan. *Organohalogen Compounds*. **32**, 155–160.

16) Ministerial Council on Dioxin Policy. (1999) Dioxins: informational brochure. MCDP, Tokyo, Japan.

17) Yabar, H., Hara, K., Uwasu, M., Yamaguchi, Y., Zhang, H. and Morioka, T. (2009) Integrated resource management towards a sustainable Asia: policy and strategy evolution in Japan and China. *International Journal of Environmental Technology and Management*. **11**(4), 239–256.

第3部
制度設計とガバナンス

持続可能社会の構築を具現化するためには、有効な制度の設計と、望ましいガバナンス（統治）の構築、そして多様な主体による協働が求められる。第3部では、地球温暖化問題などの複数の環境問題に関するトピックを取り上げつつ、サステイナビリティ・サイエンスの中で求められる制度設計とガバナンスのあり方について論じる。

第 7 章

世界排出量取引構想
―ポスト・コペンハーゲン合意の日本の戦略―

濱崎 博
西條 辰義

7.1 はじめに

　2009年12月にコペンハーゲン（デンマーク）で気候変動枠組条約第15回締約国会議（COP15）が開催された。京都議定書に続く次期枠組みに関する合意が期待されていたが，結局は，コペンハーゲン合意に"留意"するという形で閉会した。コペンハーゲン合意では，先進国は2010年1月31日までに削減目標を提出することを記述されたが，我が国は従来どおりの温室効果ガス排出量を2020年までに25％減（1990年比）という前政権と比較すると大幅な削減目標の提出を行った。この厳しい削減目標の設定に関しては，産業界を中心に景気に悪影響を与えるなど反対意見も根強い。また，この25％のうち何％を真水（自国内削減）で行うかに関しては，現時点では政府の公式見解は出ていない。そのため，2020年に向けた具体的削減手段に関して明示されていないのが現状である。

　また，各国が事務局に提出を行った削減目標は，コペンハーゲン合意に記述されている，産業革命以前と比較して2度以内の上昇に収めるには，不十分である。このことからも，現在のように各国個別に削減目標の設定を行う方法では，十分な温室効果ガスの削減が達成できないばかりでなく，各国の削減費用が大きく異なることによる公平性の問題も生じる。

　以上の問題意識より，本章ではコペンハーゲン合意を分析することにより，我が国の産業競争力維持のための，我が国25％削減目標達成及び次期

枠組みのあり方を検討する。

7.2　25%削減は真水で可能か？

　では，いったい削減目標25%のうちどの程度を真水（自国内削減）ですればいいのであろうか？ここでは，富士通総研の開発した動学一般均衡（CGE）モデルを用いて，1) 削減目標をすべて真水で達成する場合（真水）（脚注1），2) 海外での削減を最大限活用する場合（海外削減活用）（脚注2）の2ケースに関してシミュレーションを行った。その結果，真水ケースの限界削減費用は，75.9US$／トン$CO_2$であり，海外削減活用ケース（7.5US$／トンCO_2）と比較するとその費用は約10倍であった。最近の欧州排出量取引制度（EUETS）の排出権価格が13ユーロ（約18US$／トン$CO_2$）程度であることを考えると，全量真水で削減する場合の費用負担の大きさが理解できるであろう。そのため，削減を真水のみで実行した場合には，我が国のエネルギー多消費産業を中心に生産量が減少する。たとえば鉄鋼業に関しては，2020年時点で5.2%生産量が減少する。この結果は，シミュレーションという単純化した世界での計算結果であり，実際にはこの数値以上の影響は十分起こりうることに留意が必要である。世界最高のエネルギー効率を達成しているといわれる我が国産業の生産量が減少し，削減義務の無い国での産業活動が活発化する。その結果，我が国の産業のCO_2排出量は減少するが，削減義務の無い国での産業のCO_2は増加する。いわゆる炭素リーケージ（脚注3）が発生する。このことに鑑みると，全量真水での削減は，エネルギー多消費産業を我が国から削減目標の無い国へ移転させることを促進する結果

　（脚注1）　日本国内での削減活動のみで25%削減目標を2020年時点で達成。
　（脚注2）　コペンハーゲン合意に基づいて各国が国連事務局に対して提出した削減目標・行動を各国が自国内で削減するのではなく，全世界で同じ削減を達成する。その際，すべての国において限界削減費用が同じくなると仮定した。
　（脚注3）　リーケージ対策として，輸入や輸出関係を用いた国境調整や削減により影響を受ける産業への優遇処置が存在する。国境調整は，WTOに抵触する可能性，優遇処置は削減の効率性を損なう可能性がある。

表7-1　主要国排出量売買金額（2020年）

	国	移転費用		国	移転費用
購入者排出権	日本	−2,162	売却者排出権	中国	11,006
	米国	−5,681		インド	2,844
	EU	−8,003			(100万US$)

（注）マイナスは支出，プラスは収入を示す。

表7-2　海外削減によるクレジット量

	期待される年間提供CER[脚注4]（トンCO_2）[脚注5]	2020年に必要な海外排出権量（トンCO_2）
中国	2億241万9409	14億6,210万2,664
インド	4,074万7692	3億7,781万2,692

となる。単に，我が国経済に深刻な影響を与えるだけでなく，地球全体での温室効果ガス削減にも負の影響を与える。

　このシミュレーションからも明らかなように，2020年という大幅な技術革新が期待できない時期では，ある程度海外からの排出権を活用する必要がある。海外の削減を最大限活用した場合には，真水による削減は2020年において6.9％まで低下する。1990年比6.9％を真水で削減し，残りを海外より排出権を購入することにより我が国の削減費用を最小化することが可能である。

　海外での削減を活用した場合，当然ながら排出権購入費用が発生する。表7-1は海外削減活用ケースでの2020年の主要国排出量取引売買金額を示している。我が国は2020年に22億ドルを支払う一方，中国は110億ドルの収入を得る。本シミュレーションは，途上国において削減費用の低い削減オプションから導入されると仮定しているため，この移転金額は楽観的である

（脚注4）　Certified Emission Reductionの略。CDMを通じて得られた排出権。
（脚注5）　UNFCCCホームページ

第 7 章　世界排出量取引構想

```
EU27
・90年比20-30％減（2020年）
・90年比80-95％減（2050年）

ロシア
・90年比10-25％減（2020年）
・90年比50％減（2050年）

カナダ
・05年比17％減（2020年）

中国（GDP当り排出量）
・05年比40-45％減（2020年）

インド（GDP当り排出量）
・05年比20-25％減（2020年）

アメリカ
・05年比17％減（2020年）
【90年比3％減】
・05年比42％減（2030年）
・05年比83％減（2050年）

日本
・90年比25％減（2020年）
・90年比60-80％減（2050年）

豪州
・00年比5-25％減（2020年）
```

図 7-1　主要国の削減目標

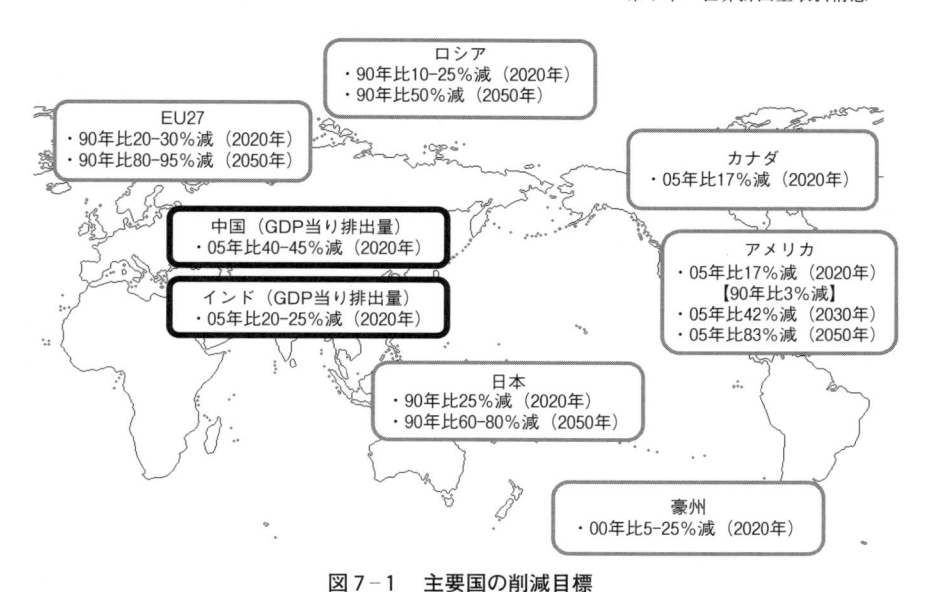

（出典）Climate Action Tracker（http://www.climateactiontracker.org/）より筆者作成

可能性に留意が必要である。排出量売却収入を低炭素技術の研究開発に用いる場合には，巨大市場として期待される温暖化対策関連市場への途上国の競争力強化を手助けすることとなる。また，武器購入などに用いられる可能性もあり，排出量売却収入が温室効果ガス削減のために用いられることを担保するメカニズムが必要である。

先進国から途上国へ技術移転を行うことの重要性に関して指摘したが，京都議定書下においても技術移転を促進する枠組みとしてクリーン開発メカニズム（CDM）が存在する。表 7-2 は，年間で提供されると予想されているホスト国別（中国，インド）CER の量とコペンハーゲン合意の評価で行ったシミュレーションによって算出された 2020 年時点で必要となる海外排出権量である。この表からも明白なように，プロジェクトベースで行われる現在の CDM の枠組みでは将来必要となる途上国で削減が十分に行われない可能性がある。その場合，我が国の削減目標が達成できない，もしくは非常に高い海外排出権の購入を強いられる危険性がある。

第3部　制度設計とガバナンス

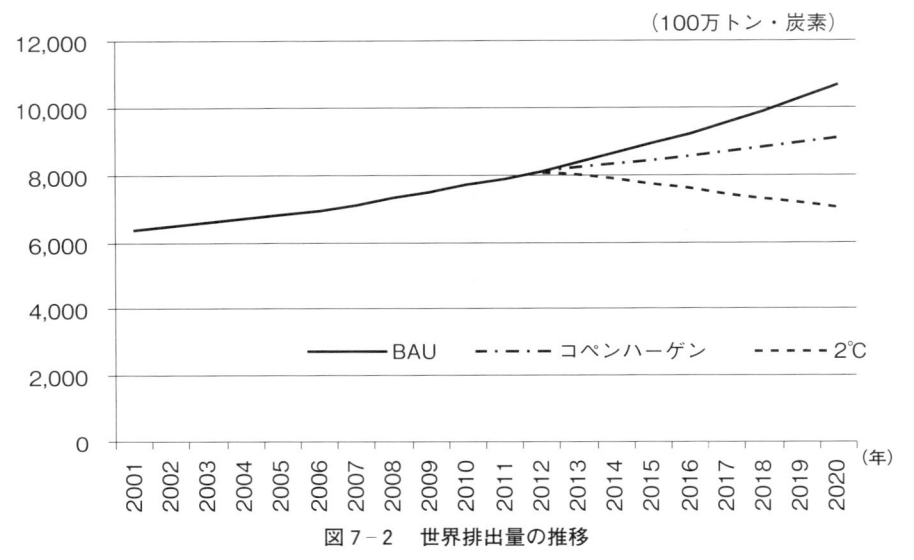

図 7-2　世界排出量の推移

（注）BAU（Business-as-usual）：現状維持シナリオ，コペンハーゲン：コペンハーゲン合意に応じて，主要各国が事務局に提出した削減目標達成シナリオ，2℃：地球の平均気温上昇を産業革命前と比較して2℃に抑えるためのIPCCシナリオ

7.3　25％以外に追加的削減義務を負う危険性

　実は我が国の25％の削減目標と国際的議論の行方は非常に密接な関係がある。コペンハーゲン合意は"留意"するという位置づけではあるが，京都議定書においては削減義務を負っていない米国，中国が削減に関して数値目標を表明する意味では，大きな一歩といえよう。図7-1は，各国政府が表明している削減目標である。先進国の削減目標がある基準年からの絶対量での削減率であるのに対して，途上国の削減目標は絶対量ではなくGDPあたりの排出量での削減目標であることに留意が必要である。現在の成長速度で中国，インドが経済成長し続けた場合，両国の温室効果ガス排出量は削減目標を達成したとしても大幅に増加する可能性がある。

　では，現在公表されている各国の温室効果ガス排出量で，全世界の排出量

をどの程度の削減を達成できるかを示したのが，図7-2である。コペンハーゲン合意に記述されている地球の温度上昇を産業革命前と比較し2℃以下に抑えるには，現在主要各国が公表している温室効果ガス削減目標の2.3倍の削減が必要である。このことより言えることは，次の二点である。まず一点は，各国個別にある基準年から削減率を設定する方法の限界を指摘することが出来る。現在は，どの程度削減するかを各国が持ち寄る形であり，実際に削減を積み上げてもそもそもの目的である気候安定化を実現するに十分な温室効果ガス排出量の削減が実現できない。もう一点は，今後の国際交渉の場における議論は，気候安定化のために必要な削減の不足分をいかにして達成するのかが，論点となるであろう。我が国はすでに表明している25%削減に追加した責任を負う可能性がある。

7.4 政府は何をすべきか？

我が国の25%削減目標は国際的視点より取り組む必要がある。すでに指摘したとおり，真水で全量削減を行うことは我が国経済にとって大きな負担となる。排出権購入を国富の流出と見る向きもあろうが，高い費用負担により経済が停滞することこそ国富の損失につながるのではないであろうか。中国，インドをはじめ海外には低いコストで多くの温室効果ガス削減達成が可能である。確かに我が国は排出権の購入者となるが，我が国は最先端の省エネルギー技術を有しており，この技術を用いた海外での削減活動が我が国企業にとって大きな市場として成長していくことも考えられる。メキシコで開催されるCOP16へ向けて我が国政府は，25%を真水で削減するための検討を続けるのではなく，海外での削減も視野に入れた検討が重要である。そして，海外での削減が費用効率的かつ，十分な量の削減が可能となるための枠組みの検討を早急に始める必要がある。世界全体が低炭素社会へ向かうための市場を地球規模で創設し，我が国の有する省エネルギー技術の活躍する市場を創設し，また同時に低炭素技術に関する研究開発の拡充を計り，次の我が国の経済成長のエンジンとして成長させていくことを目指すべきである。

第3部　制度設計とガバナンス

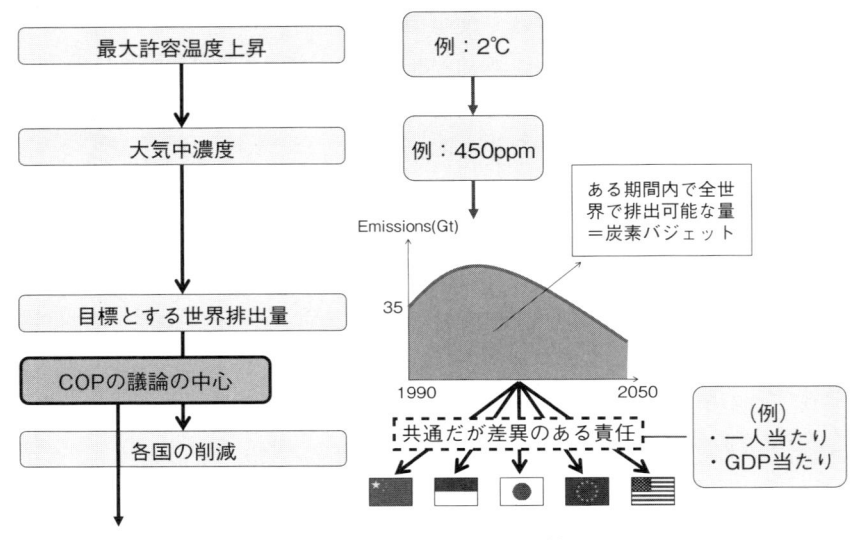

図7-3　世界排出量取引制度概要

　鳩山政権は25％という高い削減目標を掲げることにより国際交渉の場でリーダーシップを取りたいとの思惑があったが，実際にはコペンハーゲンでの我が国の存在は限定的なものであり，高い数値を示すだけでは，国際交渉の場では主導的なポジションを得ることが出来ないことを証明した。我が国の政府は，先進国から途上国への効率的な技術移転を通じての温室効果ガス削減を達成する枠組みを提言して初めて国際議論をリードするポジションを得ることが可能となる。

7.5　世界排出量取引構想

　では，我が国の政府は，具体的には国際的にどういった提案をする必要があるのであろうか。今後の次期枠組み交渉はコペンハーゲン合意に"留意"する形で進展し，各国個別にある基準年から削減目標の設定が温室効果ガス削減に関する主要な国際交渉の場での論点になると思われる。一方，京都議

定書と大きく異なる世界排出量取引制度を提案する研究者が増えている。図7-3は，世界排出量取引制度の概要を示している。本来の目的である気候変動の安定化のためには，まずは世界で許容可能な温度上昇に関して合意する必要がある。許容温度に応じた大気中の温室効果ガス濃度（ストック），排出量（フロー）を決定しそれを各国に配分を行う。世界排出量取引は，まさにこの考えに則ったものであり，まず全世界で許容される排出量を決めた後に，あるルールに基づいて各国に許容される排出量を排出権として配分する。各国に配分された排出権は自由に売買を行うことが認められている。よって，世界で一つの炭素価格が形成される。これにより，世界規模で温室効果ガス削減プロジェクトが価格の安いプロジェクトから実行が行われる。各国への排出権の配分方法は，気候変動枠組条約（United Nations Framework Convention on Climate Change）の第3条1項の「共通だが差異のある責任（Common but Differentiated Responsibilities：CBDR）」の原則で行う。京都議定書では，先進国に対して削減目標を課し，途上国は自主的削減とすることにより，この原則を実現した。世界排出量取引制度では配分方法で実現する。

　世界排出量取引制度は日本ではあまりなじみのない枠組みであるが，世界的にはその有効性に関して活発に検討が行われている。LSE（London School of Economic and Political Science）のスターン教授（脚注6）は，世界排出量取引制度の有効性を1）絶対量での温室効果ガス排出量の管理が可能，2）削減活動費用の削減，3）途上国での削減を行うための資金の供給が可能となる，の3点でまとめている。

　具体的な提案としては，ドイツのGerman Advisory Council on Global Change（WBGU）（脚注7）炭素提案がある。概要は以下の通りである。

・気温の上昇を2℃までに抑えることを国際的に法的拘束力のあるものとする。

（脚注6）　Nicholas Stern（2008），"Key Elements of a Global Deal on Climate Change."
（脚注7）　詳細は，WBGU（2009），"Solving the climate dilemma: The budget approach", http://www.wbgu.de/wbgu_sn2009_en.pdf

- 2℃までに抑制するために2050年までに世界で排出が許容される排出量（＝炭素予算）を取り決める。
- 2015〜2020年で全世界の排出量をピークアウトさせる。
- 各国への炭素予算の配分は，人口を基準とする（＝一人当たりの排出量が各国で同じになる）。
- 各国は低炭素化工程表（decarbonisation road maps）を作成する。
- 排出量取引（International Emission Trading），共同実施（Joint Implementation）といった柔軟性処置，資金メカニズム及び技術移転に関して合意する。
- 世界気候銀行（World Climate Bank）を設立する。この銀行は，1）低炭素化工程表を評価，2）柔軟性処置及び移転を管理する。

先進国のみならず，途上国においても同様な検討が行われている。中国社会科学院のPan教授（脚注8）は，2008年に開催された気候変動枠組み条約第14回締約国会議（COP14）において，炭素予算提案（Carbon Budget Proposal）を提出した（脚注9）。彼らはこの提案において，全世界の温室効果ガス排出量を2020年までにピークアウトし，2050年までに半減（2005年比）することの必要性を説いている。その場合，1900〜2050年の年間一人当たりで許容される排出量は，2.33トンCO_2とした。本提案は，累積での一人当たり排出量を各国間で同じにすることを目指している。しかし，米国は炭素予算の3.2倍，英国は2.7倍の排出を行う一方，中国は炭素予算の28％，インドは10％を排出したに過ぎない。先進国の中では2050年までに使用していい炭素予算を1900年から現在で超過していない場合は，残った炭素予算を利用することができる。すでに炭素予算分以上を排出した国は，炭素予算に余裕のある国から炭素予算を購入することができる。先進国の2050年までの基礎需要に必要な炭素予算は途上国の未使用分から移転を受けること

（脚注8）　詳細は，Pan Jiahua, Chen Ying and Li Chenxi（2009），"Balancing the Carbon Budget" http://www.chinadialogue.net/article/show/single/en/3386-Balancing-the-carbon-budget

（脚注9）　COP15においても，炭素予算提案に関するサイドイベントを開催。

ができ，移転された資金を活用して途上国は温室効果ガス削減を行うことができる。中国社会科学院の提案は，累積での一人当たり排出量を各国で同じにする点が特徴である。

各国への排出権の配分方法に関しては，より詳細な検討が必要あるが，世界炭素市場の創設は我が国企業にとって二つのメリットをもたらす。一つは，全世界で共通の炭素価格が決まるため，エネルギー効率の高い我が国企業の競争力が高まる。これにより，問題点として指摘したリーケージ問題が解決できる。また，途上国において我が国企業の有する省エネ技術活用を活用できる市場の拡大が期待できる。

7.6 まとめ

COP15で"留意"されたコペンハーゲン合意に基づき，各国は削減目標・計画を国連事務局に提出を行ったが，気候安定化に十分な削減の確保はできていないのが現状である。今後，この不足分の達成に関する議論が国際的に高まっていくものと思われるが，我が国政府が国際社会に対して具体的提案を行わない場合には，我が国が追加的な削減責任を負う可能性がある。

25％の削減目標の達成に関しては，現在政府内において検討が進んでいるが，真水での削減は我が国経済に深刻な影響を与える危険性がある。よって，海外での削減活動の活用を視野に入れた検討が必要である。ただ，CDMの経験をみるに，経済効率的に十分な量の確保は現状では困難である。我が国政府は，25％削減において海外での削減を積極的に活用し，地球規模での削減に貢献することを目標に，地球全体で効率的な削減を実現するための枠組みの提案が急務である。

参考文献

1) Aldy, J. E. and Robert N. S.（2008）*Lessons for the International Policy Community*, Architectures for Agreement.
2) Den Elzen, M. and Niklas, H.（2008）Reductions of Greenhouse Gas Emissions in An-

nex I and Non-Annex I Countries for Meeting Concentration Stabilisation Targets, *Climatic Change*, **91**, 249–274.
3) IPCC（2007），Fourth Assessment Report.
4) Stern, N.（2008）Key Elements of A Global Deal on Climate Change.
5) 伴金美，濱崎博，岡川梓（2004）「経済モデルによる分析」,「エネルギー使用合理化取引市場関連調査（排出量取引市場効率化実証等調査）」(東京工業品取引所，平成16年3月）第5章.

第 8 章
産業エコロジーから産業のリスクガバナンスへ

東海 明宏

8.1 産業エコロジーとリスクガバナンス

　新技術，とりわけフィジカルな手段による問題解決をハードパスとよび，その対極にある，需要管理，計画的対応をソフトパスとよぶ。ソフトパスの概念は，1973年，エネルギー危機が取り沙汰されたころにおいて，エネルギー資源管理においてはじめて導入されたもので，供給側でのフィジカルな対応の代わりに，効率改善・節約などを含めた需要側での対応管理の充実の模索を通じて，フィジカルな方法によらないということを強調して提示された。この概念は，他の物質・資源に拡大され，産業用，民生用の直接・間接のエネルギー・水・物質消費量の計量を通じて，さまざまな人間活動（産業活動）を評価する試みにつながった。

　一方で，産業活動からの目的物のみならず不要物の発生構造を明らかにし，計画的対応をはかるため，エンドオブパイプ的アプローチ（汚染物質を排出直前に処理すること）が展開された。その後，産業の構造変容によって対応できるかどうか，に関し1960年代後半，当時の通産省産業構造審議会の「産業エコロジー」に関する研究会で，「過剰に資源消費に依存しない産業構造は可能だろうか」が論点となり，"A vision for the 1970"が公表された。その直後におこった第一次オイルショックで，サンシャイン計画，ムーンライト計画とともに，産業構造の転換の模索がはじまった。本章では，産業社会を生物体になぞらえてみる着想とその後の展開，とりわけリスクガバナンスにむけた流れを持続可能性の視点から述べる。

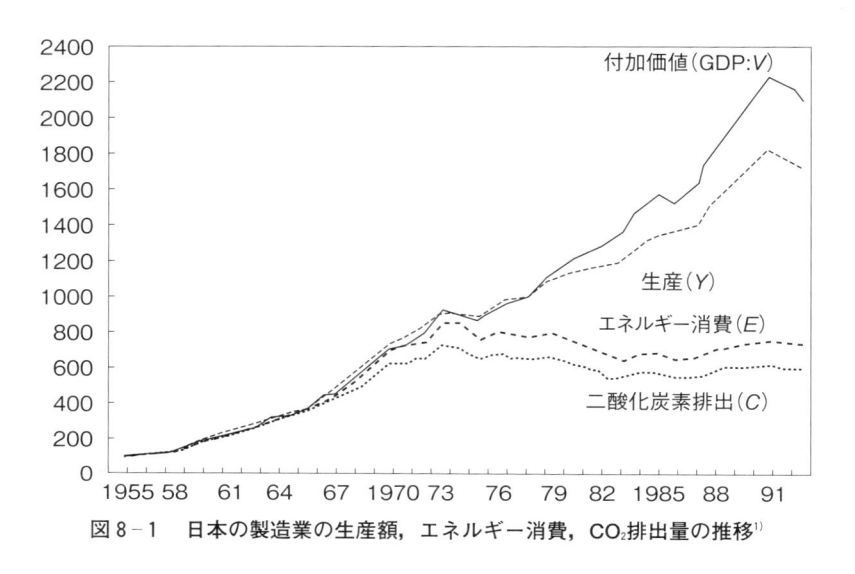

図8-1　日本の製造業の生産額，エネルギー消費，CO_2排出量の推移[1]

8.2　産業エコロジーの着想とサプライチェインにおける環境対応

　産業エコロジーの視点で生産構造の推移をみると，エネルギー効率を改善し，CO_2の排出量を抑制しながら，GDP を形成してきたことが実証されている[1]。図8-1 は，1955 年から1993 年までの日本の製造業の生産額，エネルギー消費，CO_2排出量の推移を示したもので，この期間においてこの特徴が明確に示されている。さらに，図8-2 に示すように最近では，サプライチェイン全体を通じた環境制約（ライフサイクル全体，すなわち，原材料の獲得段階から製品の廃棄までで発生する負荷を抑え，エネルギー消費に配慮し，資源保全に配慮して）を満たし，リスク管理を内蔵した製造業に向かいつつある[2]。このような流れを方向付けたのが，欧州の REACH（Registration, Evaluation, Authorization and Restriction of Chemicals）である（図8-2）。このリスク管理のためにリスクに関わる情報をサプライチェインを通じて伝達しあう必要があり，それは図8-3 に示すとおり，損害の種類，発生確率，シナリオを明らかにするとともに，ライフサイクルを通じた暴露評価と有害性評価か

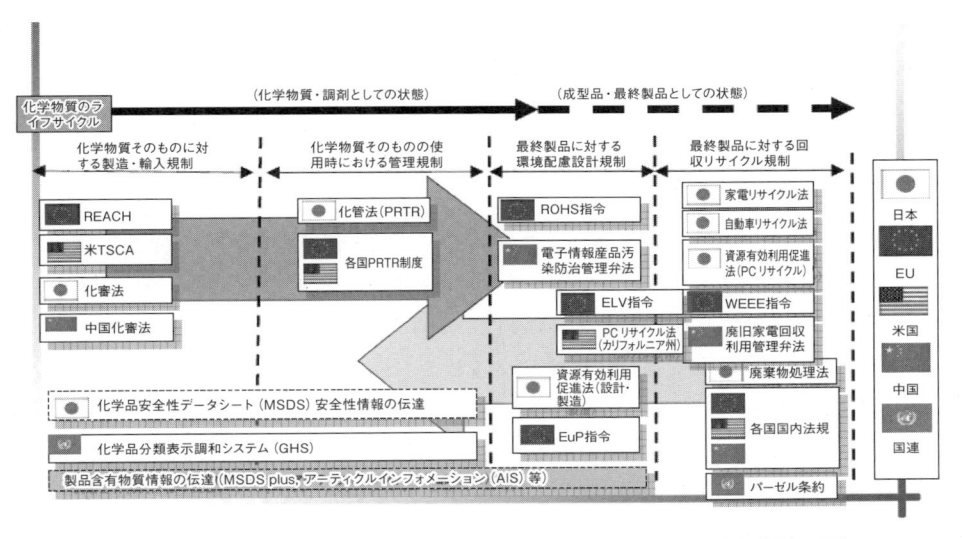

図8-2　サプライチェインを通じたものづくり（経済産業省化学物質管理課）

基本要素：

$Risk = f(Damage_i, Probability_i, Scenario_i)$

解析：

$$\Delta Risk = Population \cdot \frac{Consumption}{Person} \cdot \frac{Emission}{Consumption} \cdot \frac{C_{env}}{Emission} \cdot \frac{\Delta Dose}{C_{env}} \cdot \frac{\Delta EffectiveDose}{\Delta Dose} \cdot \frac{\Delta Risk}{\Delta EffectiveDose}$$

ライフサイクル暴露評価 ← → 有害性評価

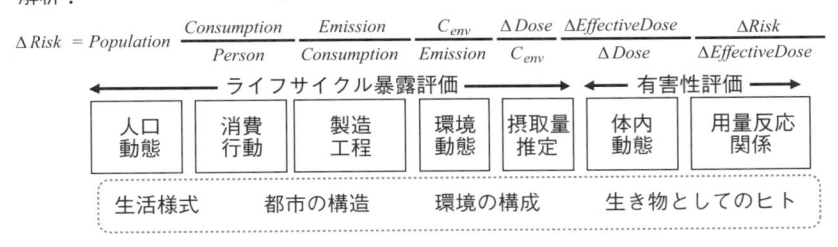

| 人口動態 | 消費行動 | 製造工程 | 環境動態 | 摂取量推定 | 体内動態 | 用量反応関係 |

| 生活様式 | 都市の構造 | 環境の構成 | 生き物としてのヒト |

評価：費用効果（費用と物的数量の比）

$$\frac{\Delta Cost}{\Delta Risk}$$

経済性の考慮

図8-3　リスク評価技術

らなる技術の支えを必要とする。

8.3　都市代謝システム

　明治初期の「本末論」において,「水道・家屋は末なり」,という政府の国土整備・都市インフラ整備のプライオリティにおいて低位に甘んじていた水道システムは,近代化をめざして,清浄・豊富・低廉という3条件を実現する都市インフラとして,全国に整備が進行した。用水に伴う汚濁の付加メカニズムを対象とし,都市を生物体になぞらえて,都市存立に必要な資源のインフロー,アウトフローを勘定するこころみは,Wolman（1959）にまで遡る[3]。都市を維持するために必要な資源の中でマスとして最大のものは,水資源であり,損失は無視しうるので,排水となった時点でも量的にはほぼ需要を満たし,質的に99.9％の純度をもった資源であることから,再生・循環利用による都市水システムが進展してきた。これは,水資源に乏しい,アメリカ,カリフォルニアなどで進行してきた。このような都市の代謝物質別に計量する試みはさらなる進化を遂げてきている[4]（図8-4）。

8.4　環境代謝システム

　上記の産業,民生における人間活動の結果,環境に排出されたものは,最終的にどういった運命をたどり,最終的にどのような影響を人間社会にもたらすのだろうか？という問いは,技術の光と陰に関する問題提起も含み,20世紀半ばすぎ高度経済成長期に提示された[5][6]。『沈黙の春』では,生態系における有機塩素系化合物の蓄積現象の後世代への影響や,地球という巨大なシステムにおける物質移動現象の時間遅れが注目を集めた。ローマクラブの依頼により,Dennis L. Meadows 等によって作成された『成長の限界』では,地球的システムのモデル化を行い,人口と工業投資がこのまま幾何級数的成長を続けると地球の有限な天然資源は枯渇し,環境汚染は自然が許容しうる範囲を超えて進行することになり,100年以内に成長は限界点に達するとことを推察した。しかし同時に,この成長を生み出している人口や資本

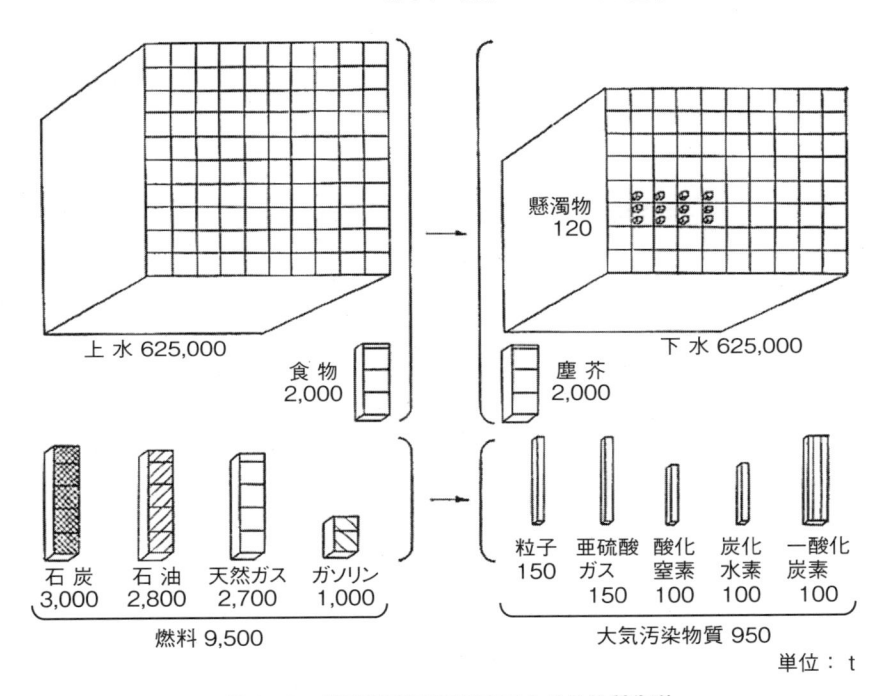

第8章 産業エコロジーから産業のリスクガバナンスへ

図8-4 米国仮想100万都市における物質代謝

のフィードバックループ（feedback loop）を抑制するというこれまでに例のないアプローチをとれば，将来長期にわたって持続可能な生態的および経済的な安定性を打ち立てることも可能であることを示唆した（図8-5）。

8.5 環境管理の制度整備からリスクガバナンスへ

上記に示した問題への対応の過程で，公害対策基本法，環境基本法，循環型社会形成基本法，企業の自主的管理を促進する制度の整備が実現し，政策科学（regulatory science）の進化とともに，規制の根拠を科学ベースで決める方法などによって，確率的影響や受益と受苦の乖離の問題をより明示的に扱うようになってきた。

ややエンドオブパイプに重心を置く対策として，従来からの環境負荷を総

第3部 制度設計とガバナンス

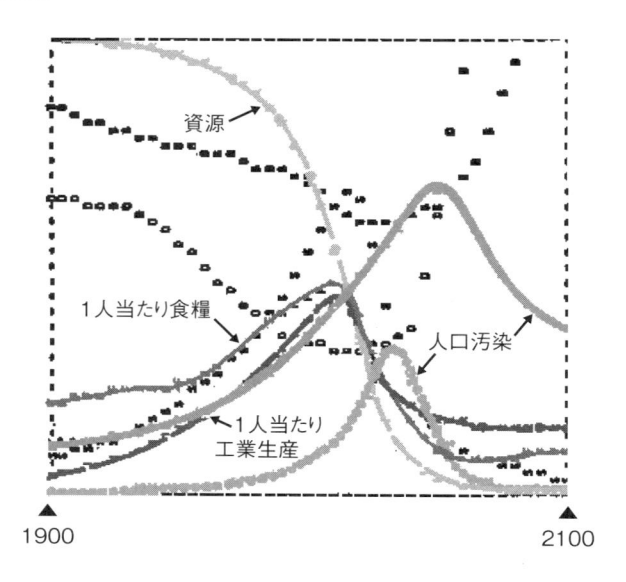

図8-5 ローマクラブによる地球シミュレーション[6]

括的に把握して管理を容易にするための環境指標の開発が進行する一方で，個別対策を促進するための排出源排出情報の管理制度として，たとえば，PRTR（Pollutant Release and Transfer Register），TRI（Toxic Release Inventory）などがあり，事実と推論に基づきながら用量反応関係を介してエンドポイントを極力明示しリスクに基づいた意思決定支援などにも展開してきた。今日までのリスク評価・管理技術は，政府の規制を支援する目的，企業の自主的管理を支援する目的として発展してきた。

　なかでも，循環型社会形成基本法で明示された内容は，資源循環・廃棄物管理の視点からの社会の構造転換をもとめており，出口を対象に規制をベースとしたものとは一線を画する様相を呈している。めざすべき持続可能性の拡大には，社会を維持するために必要なエネルギー，資源，物質管理間でのトレードオフ関係を明示的に理解できる環境情報系が必要であり，それはいまだ成立しているとはいいがたい。このような，所掌別政策展開が，一見すると先進的に見える一方で，社会全体で見たときに持続性の維持に貢献して

いるか，どうか，その実現性に関する技術的な支えがガバナンス上の問題といえよう。温暖化対策にかけられる費用はいくらか，温暖化対策の推進の陰で進行する問題へいかに配慮していくか，ということも含めて，複層化するトレードオフの構造への対応が重要となってきた。

リスク評価は，利害を異にするものにおいて，最終的に関係者間でリスクの受容という状況に到達するための助言として機能することが求められており，そのため，リスクの同定，評価，管理，コミュニケーションまでを含む。総括把握型の（たとえば，水質汚濁であれば，濁り，大気汚染でいれば，視程といった）だれにでもわかりやすい指標ではなく，みえにくい，影響がわかりにくい，時間的・場所的に移転する，といった未知性が，「不安・恐怖」をもたらしやすいため，対話，知らされたうえでの合意というプロセスが必要となる。リスクコミュニケーションの役割は，リスクの解明が不十分ではあっても，それにどう対処していくべきかに関し，関係者が準備し，付き合おうとする場の構築にある。上から下を「管理」することだけではなく，「知らされたうえでの合意」のもとで，リスクを選べる社会というのが，「リスクガバナンス」の姿のひとつといえよう。

8.6 リスクガバナンス

今を遡ること40年，大阪で万国博覧会が開催されたおり，未来都市の実験場として，万博会場をひとつの閉じた環境系として設計・運用することが提案された（脚注1）。末石氏の環境を閉鎖系として再設計するという思想は，環境容量理論として，都市の物質・エネルギー代謝特性からみた空間資源（土地利用）の使い分けと資源・エネルギーのカスケード利用，そしてそ

（脚注1）　これは，当時の急激な水需要の増加に，ハードパスのみで対応しようとした方針に対する，将来の民生・産業構造の変容を見込んで提示したものであった。結果として，末石氏も述べているように[7]，この案は実現しなかったが，ありえたかもしれない経路（soft water path）をいち早く実現しておれば，わずか市民の口には約1/4しか飲まれていない水供給インフラの整備は別の様相をとりえたかもしれない。

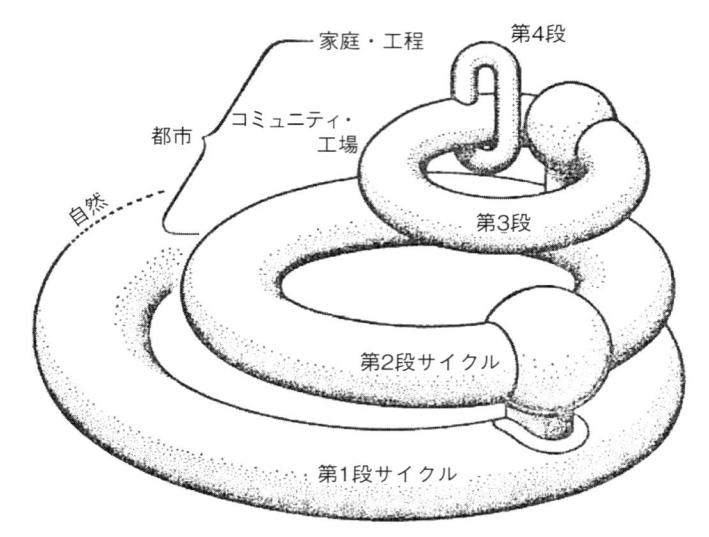

図 8-6　末石の環境容量理論[7]

のための環境情報系の整備にあった（図8-6）。結果として当時においては実現を見なかった提案ではあったものの，現在の HCCEP（Hazard Analysis and Critical Control Point），Traceability, Toxic release Inventory につながる環境情報系の原型となっていた。スマートグリッドなど，既存インフラの見える化技術の導入は一見，システムの進化にみえるものの，環境システムの閉鎖系の形成に寄与しているかどうかの保証には，今後の技術の進展を待たねばならない。持続性の維持・拡大に必要な構造転換において，これまでのハードパスを与件としているのなら，むしろ，持続可能性の視点からは多面的な評価も必要となってこよう。

　環境問題のある一面の改善は，別の面の改悪につながりかねない。これは，対策を導入する際に不可避な状況である。かつて，宇沢氏が，自動車の社会的費用を論じた際に[8]，「もし，自動車がなければ，享受しえたものはなにか，それは，国民の基本的権利」とされた。そのことを反映した社会的費用として，歩車分離の並木設置，道路幅の拡幅の費用を組み込むと，自動車単体の2倍以上の額となったという。さらに，このような費用をくみこ

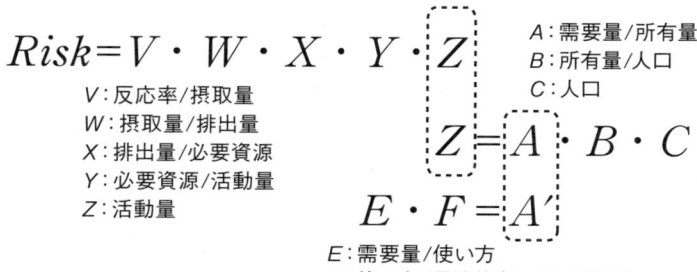

$$Risk = V \cdot W \cdot X \cdot Y \cdot Z$$

V：反応率/摂取量
W：摂取量/排出量
X：排出量/必要資源
Y：必要資源/活動量
Z：活動量

A：需要量/所有量
B：所有量/人口
C：人口

$$Z = A \cdot B \cdot C$$

$$E \cdot F = A'$$

E：需要量/使い方
F：使い方/環境依存
A'：需要量

図8-7　環境家計簿によるガバナンスのための環境情報の形成

んでいたとすれば，急激なモータライゼイションはおきなかったであろうと述べている。

8.7　リスク管理原則と予防的アプローチ

持続可能性を拡大するため，しばしば，予防的アプローチの有用性が取り上げられる。予防的アプローチの正確な定義は他の書籍にゆだねるとして，そのポイントを示すと，「環境及び人の健康への懸念には合理的な根拠があるが，その性質や規模が不明確で，ある行為や過程との因果関係が完全に立証されていなくとも，対策を発動する」，という対応のことを意味する。

このような対応の隘路が，John Graham（当時の米国行政管理予算局長）による，「事実にもとづかない，推論によるリスクを過大視し，結果として，（リスクに関する知見が少ない）新技術の普及の阻害・そこから得られるであろう社会的便益の逸失」の拡大であった[9]。John Graham は，環境政策の欧米比較を行い，欧州が，予防的アプローチを重視するほどには，実態としてリスクは軽減されてはいないことを根拠にこのことを提起した。日本では，21世紀に入り，環境リスクの定量化はそれ以前にくらべ，格段に推進され，政府の規制の根拠，産業界の自主的管理に活用されるようになった。しかし，産業界が義務としてデータを提出し，市民が，権利としてリスクを知るという関係が，産・官・学・民の間で形成され，自らの判断にもとづきリス

クと付き合えることで「リスクガバナンス」社会の形成にむかうと考える。リスクに対し判断し行動したことが記録され，共有され，教育にフィードバックされ，知恵として結実していくことが，迂遠ではあるが，他律的ではなく，自律的な環境情報系の構築につながっていくのではないかと考えている（図8-7）。

参考文献

1) Watanabe, C. (2002) *Industrial ecology and technology policy: Japanese experience*, edited by R. U. Ayres and L. W. Ayres, A handbook of Industrial Ecology, Edward Elgar Publishing.
2) 経済産業省製造産業局化学物質管理課　監修（2007）これからの化学物質管理をどうするか，化学工業日報社.
3) 丹保憲仁（1980）上水道，技報堂出版社，原論文は，Wolman, A. (1965). The metabolism of cities. *Scientific American*, 179–190.
4) Kennedy, C., Cuddihy, J. and Engel-Yan J. (2007) The Changing Metabolism of Cities, *Journal of Industrial Ecology*, **11**(2), 43–59.
5) レイチェル　カーソン（1974）『沈黙の春』新潮社.
6) ローマクラブ（1972）『成長の限界』ダイアモンド社.
7) 末石冨太郎（1975）『都市環境の蘇生』中公新書.
8) 宇沢弘文（1974）『自動車の社会的費用』岩波新書.

第 9 章
持続可能な社会づくりのための協働イノベーション

大久保 規子

9.1 協働イノベーションの必要性

　あらゆる主体の参加と協働は，持続可能な社会づくりに不可欠の要素であるが，その実現は容易ではない。矢作川方式，西淀川方式等の先駆的事例にみられるように，日本は協働先進国の側面を有しており，自主的取組みが一定の功を奏した数少ない国の1つでもある。ところが，最近では，その有効性に対する疑問も呈されるようになり，「協働疲れ」ともいうべき状況が各地で生じている。本稿では，環境イノベーションを達成するためには協働イノベーションが不可欠であるとの認識に立って，国際的な先進例となりうる日本型の協働モデルのあり方を展望する。

　協働はきわめて多義的な概念であるが (9.2 参照)，ここでは，立場の異なる多様な主体が相互に協議・連携して，社会的課題の解決に取り組むことという意味で用いることとする。また，イノベーションという言葉は技術革新を指すことが多いが，従来とまったく違った仕組みを取り入れ，新たな価値を生み出し，社会的に大きな変化を起こすことも含む概念である（脚注1）。本稿でいうイノベーションも，社会的な仕組みの変革を念頭に置いている。

　日本の環境分野における協働の仕組みづくりの歴史的展開をみると，

（脚注1）　長期戦略指針「イノベーション 25」（2007 年 6 月 1 日閣議決定）参照（http://www.kantei.go.jp/jp/innovation/saishu/070601/kakugi1.pdf#search='長期戦略指針イノベーション 25'）。

1992年の地球サミットが1つの大きな転機になっていることがわかる。地球サミット以前の協働の仕組みには，各地の公害や開発をめぐる住民運動の中から，さまざまな対立と試行錯誤を経て，その緊張関係の中で生み出されてきたものが少なくない。それらの中には，ナショナルトラスト運動のように，海外の活動を手がかりして展開されたものもあるが，日本独自ともいうべきユニークな取組みも認められる[1]。

たとえば，愛知県の矢作川では，1960年代から上流部の工業排水や乱開発による水質汚濁が，下流の農業・漁業に大きな被害を引き起こした。地元農民や漁民は，行政や事業者への直接抗議や要請を行い，1969年に，農業団体，漁業団体および5市町により，「流域は一つ，運命共同体」を合言葉に「矢作川沿岸水質保全対策協議会」が組織された。やがて，勉強会や現場パトロール等の地道な協議会活動が実を結び，大規模開発に際しては，協議会と事業者の事前協議を行う体制が整えられていった。事前の環境アセスメントの実施に加え，造成工事中には「公害防止連絡会議」に環境の変化や地域の状況が報告され，事業者による濁水を出さない施工技術の採用，市町村間での開発調整につながっている。このような水質保全の取組みは，「矢作川方式」と呼ばれるようになり，UNEP（国連環境計画）においても，先駆的モデルとして紹介されている。

また，企業からのばい煙と道路からの排ガスによる都市型複合大気汚染により深刻な健康被害が生じた大阪市の西淀川地域では，1978年に訴訟が提起され，長期にわたる裁判闘争が繰り広げられた。そのような中，孫や子どもたちに自分たちと同じ経験をさせたくないと考えた被害住民は，「手渡したいのは青い空」を合い言葉に，地域再生の取組みを始めるようになった。1991年には「西淀川再生プラン」が作成・公表され，1995年の被告企業との和解に際しては，解決金の一部を地域の環境再生のために活用することが盛り込まれた。その後，1996年には（財）公害地域再生センター（あおぞら財団）が設立され，参加型環境アセスメントやエコドライブの普及，公害経験を伝える取組み等，協働による公害地域再生事業が続けられている。このような取組みは，水島，名古屋南部，川崎等，他の公害被害地域にも広がっ

ている。

　これらの例にみられるように，日本では，市民のイニシアティブによる協働の仕組みづくりが先行したが，地球サミットにおいて，「リオ宣言」とその実施計画である「アジェンダ21」の中に，パートナーシップの原則とその基本施策が盛り込まれたことを契機として，政府においても，環境パートナーシップの構築が重要な政策課題の1つとして認識されるようになった。リオ宣言第10原則は，「環境問題は，それぞれのレベルで，関心のあるすべての市民が参加することによって，もっとも適切に扱われる」としたうえで，①環境情報の公開，②意思決定過程への参加，③救済への効果的アクセスについて定めている。また，アジェンダ21には，①意思決定プロセスへのさまざまな主体の参加（2章・23-32章），③NGOが国民の利益を保護する権利を保障するため，必要な法的手段を強化する必要性（27章）等が盛り込まれた。

　これを受けて，1993年に制定された環境基本法においては，すべての者の公平な役割分担の必要性が規定され（4条），国は，①民間団体等の自発的な活動を促進するために必要な措置を講じ（26条），②必要な情報を適切に提供するように努め（27条），③環境教育・環境学習の振興等についても必要な措置を講ずべき（25条）旨が明記された。また，翌年（1994年）策定された最初の環境基本計画においては，「公平な役割分担の下でのあらゆる主体の参加の実現」が「循環」，「共生」，「国際的取組」と並ぶ4つの長期目標の1つとして定められた。

　その後，協働の拠点（地球環境パートナーシッププラザ等）の整備が行われるとともに，個別法により，各種協議会制度（地球温暖化対策地域協議会，自然再生協議会等）や提案制度（都市計画，景観計画等）の法制化等が進められてきた。2003年には，他国に先駆けて「環境の保全のための意欲の増進及び環境教育の推進に関する法律」（環境保全活動・環境教育推進法）が制定され，「協働」という言葉が，初めて法律の中で用いられた。同法では，「二以上の国民，民間団体等がそれぞれ適切に役割を分担しつつ対等の立場において相互に協力して行う環境保全の意欲の増進その他の環境の保全に関する

取組」を「協働取組」と呼んでいる（21条）。この定義では，行政との協働は想定されていないようにも見えるが，2008年に制定された生物多様性基本法21条では，生物多様性の保全等に関し，①国と多様な主体との「連携・協働」（1項），②政策形成への民意の反映（2項），③自発的な活動の促進（3項）が定められている。

　以上のように，日本は，協働先進国として，めざましい発展を遂げてきたように見える。しかし，最近，市民からは「一生懸命議論に参加しても，結局自分たちの意見は反映されない」，行政からは「膨大な手間と時間をかけて協働の手続を踏んでも，さほど新しいアイディアが得られるわけでもない」などの不満が続出し，協働疲れともいうべき状況が生じている。また，八ツ場ダム問題，辺野古問題，上関原発問題等，合意の糸口が見えない課題も山積している。協働の仕組みづくりは徐々に進んできたものの，それが実質的に持続可能な社会づくりにつながっているのか，その有効性に対する疑問も提起されている。そこで，以下，機能不全の法的要因を分析し，今後のあるべき方向性を論じることとする。

9.2　機能不全の3つの要因

　現在，協働の仕組みが機能不全に陥りつつある法的要因は，主に3つあると考えられる。

　第1の要因は，「協働」概念の多義性である[2]。筆者の分析では，現代の協働概念は，①立場の異なる多様な主体が，対等なパートナーとして協働・連携し，社会的課題に取り組むこと（多元的協働概念），②規制緩和や行政の効率化の観点から公的任務の民間開放を行うこと（分担的協働概念）という，根本的に異なる2つの意味で用いられている。たとえば，土地所有者（ディベロッパー等）の都市計画提案制度は，環境を利用する者の権利をさらに強化する側面を有する分担的協働であるのに対し，環境を守ろうとする者が一見類似したNPOの都市計画提案制度を利用する場合には，所有権等を基礎としないため，多者協議によって多様な利益を調整し，合意を積み上げ

ることによってしか提案内容を練り上げることができない。多元的価値を反映し新しい公共を創るという①の考え方と，自己責任を掲げて市場原理の貫徹をめざす②の考え方とは対極に位置するものであるが，両概念の混同が共通認識の形成を阻害し，ときに同床異夢ともいうべき状況を生じさせている。

　第2の要因は，個々のインフラ整備法，環境法等において環境や持続可能性への配慮が義務付けられていないか，その基準・程度が不十分であるため，何をどこまで協議すればよいのかをめぐる争いが絶えないことである[3]。地域の特性と事情に応じた環境ローカル・ルールを協働のもとに形成しようとしても，そもそも行政や事業者の意思決定に環境配慮を義務付ける法的仕組みが存在しない場合には，その実現は困難である。したがって，都市計画をはじめ，個別法の仕組みの中に，低炭素，循環，生物多様性の保全等の新たな要請を組み込むことは，実効的な協働の必要条件でもある。

　第3の要因は，日本では，協働の基礎となる権利（環境権や参加権）が確立されていないということである。日本の協働の大きな特徴は，個々人の努力に多くを依存しているというインフォーマル性にあり，協働を法制化すると，かえって窮屈になるという声もしばしば聞く。しかし，情報公開法で開示請求権が保障されたことにより，行政の透明性が格段に改善されたことにみられるように，法的保障は，協働が有効に機能するための重要な要素の1つである。現在の制度が使いにくいとすれば，協働の基礎になる市民の権利を明確化しないまま，個別の制度の改善努力を積み重ねることの限界が露呈したといえる。この点は，日本と諸外国との大きな違いであるため，次に，この問題に焦点を当てて国際動向を鳥瞰する。

9.3　オーフス条約とは何か

　リオ宣言第10原則の理念を具体化しようとする試みは，地球サミット以降，各国の国内法のレベルでも，国際法のレベルでも進められてきた。その一環として，1998年に採択されたのが，「環境問題における情報へのアクセ

ス，意思決定への市民参加及び司法へのアクセスに関する条約」であり，採択地の名前にちなみ，オーフス条約と呼ばれている（2001年発効）[4)5)]。この条約の目的は，環境権を実効的なものとするため，①環境情報へのアクセス権，②環境に関する政策決定への参加権，③司法へのアクセス権という3つの権利を，NGOも含め，すべての市民に保障することである。情報公開は参加の前提であり，訴訟は参加の実効性を確保する手段でもあるため，3つの権利を一体的に保障することが重要であると考えられている（オーフス3原則）。端的にいえば，この条約は環境分野の市民参加条約であり，現在44の国と地域（EU）が加盟しているが，日本は批准していない。EU諸国が中心となって作成したため日本では馴染みが薄く，EUだけの条約であると思っている人もいるが，日本も加盟可能である。

　条約の第1の柱は，環境情報の公開である。国や自治体だけではなくて，一定の公益事業者（電力，鉄道事業者等）にも情報公開を義務付けていることや，インターネットの活用等により，わかりやすく，使いやすい形での情報提供が重視されていることが特徴である。また，環境情報の積極的な収集・更新についても定められており，たとえば生物多様性のようにそもそも十分な基礎データが欠けている場合には，調査等によるデータの充実が要請される。さらに，一般の民間事業者にも，エコラベル，環境監査，PRTR等を促進し，消費者が環境の観点から製品を選択できるような製品情報の提供に努めるよう求めている。

　第2の柱は，可能な限り早い段階からの市民参加である。この点について，条約は，①行政立法段階，②環境にかかわる計画・プログラムの作成段階，③個別事業の段階に分けて定めている。行政立法段階の参加に関しては，各加盟国に広い裁量が認められているが，計画・プログラム段階では，主に戦略的環境アセスメント（SEA：Strategic Environmental Assessment）の実施が念頭に置かれており，EU諸国ではすでに広く法制化されている。環境アセスメントとは，環境に影響を与える各種行為の前に，市民参加のもと，環境への影響を十分調査・予測・評価し，環境配慮を行う手続であり，SEAとは，政策決定，基本構想段階等，個別の事業実施よりも早い段階で

行われるアセスメントをいう。

　個別事業段階では，環境アセスメントや工場等の設置許可のプロセスへの参加が想定されている。日本でも，環境アセスメントについては，誰もが意見を言える仕組みが設けられているが，この参加制度は情報収集のための仕組みであって（情報収集参加），市民に手続的参加権を保障したものではないとするのが従来の行政の考え方である。また，水質汚濁防止法や大気汚染防止法等の公害規制法においては工場等の設置は基本的に届出制とされており，近隣住民であっても，施設の情報を入手するのは必ずしも容易ではない。この点では，施設の計画内容を公示し，広く市民の意見を聴く仕組みとなっているEU諸国とは大きな違いがある。

　第3の柱は，司法アクセス権の保障である。司法アクセス権の保障とは，違法な行為について，市民が裁判所に訴えることができるようにすることである。違法な行為に対し，その被害者が裁判を受ける権利は憲法で保障されている。しかし，たとえば，違法な森林伐採や海の埋立てが行われた場合，被害者は必ずしも特定の個人とは限らない。そこに住む動物が直接的な被害者であるという考え方に立ち，アマミノクロウサギ訴訟やムツゴロウ訴訟のような自然の権利訴訟が提起されているが，動物には裁判の当事者となる能力がないとしてすべて却下されている。そこで，近隣住民，NGO，研究者等が訴訟を起こすこともあるが，自分の権利利益が侵害されたわけではないから原告適格がないとして，やはり門前払いとなることが少なくないのが日本の現状である。

　これに対し，欧米では，すでに1970年代から，市民や環境団体が環境を守るための訴訟（環境公益訴訟）を提起できる仕組みが導入されている[6]。これまで日本では，訴訟を協働の一手法として捉える発想が乏しかったが，事業者自身によるセルフコントロールと行政による監督に加え，市民による監視という多元的な安全弁を設けることにより環境法の執行を強化することの有効性は，各国で確認されている。

　EU諸国においても，当初は濫訴のおそれがあるとして環境公益訴訟に消極的な意見が存在したが，実際には，どの国でもそのような弊害は確認され

ていない。長い時間とお金をかけて公益のために訴訟を提起しようとする人は，それほど多くないのである。しかし，だからといって，公益訴訟制度が無駄というわけではない。目に余る事案にターゲットを絞っているだけに勝訴率は高く，50％を超えている国もある。それらのケースでは，もし安全弁としての公益訴訟制度がなければ，違法行為が是正されることのないまま既成事実化した可能性が高い。また，伝家の宝刀として訴訟が保障されていることにより，市民意見が当初から真摯に検討され，環境利益の適切な考慮が促進されているとして，違法・不当行為の予防効果が高く評価されている。1990年代には，南アジア，東南アジアにも同様の動きが広がっており，環境訴訟において原告適格が依然として大きな壁となっている日本の状況は，国際的に見ればかなり特殊である。

以上のように，EU各国における長年の経験も踏まえ，情報公開，参加および訴訟は，3つの仕組みが揃って初めて有効に機能するという考え方を明確にしたのがオーフス条約である。

9.4　今後の展望〜オーフス3原則の日本への適用可能性

欧米において，法律に基づく参加権や訴権が活用され，オーフス3原則が有効に機能している要因の1つには，欧米の環境団体は組織化に長けており，少ない人的・財政的資源を効率的に活用しているということがある。たとえばドイツには，全国で40万人以上の会員を擁するBUND（Bund für Umwelt und Naturschutz Deutschland：ドイツ環境・自然保護連合）やNABU（Naturschutzbund Deutschland e.V.：ドイツ自然保護連盟）といった環境団体があるが，これらの団体は各州の組織と連邦の組織に分かれており，環境保全・啓蒙のための実践的活動から，年間100通以上の意見書の提出，環境訴訟の提起まで，幅広い専門的活動を展開している。また，これら個別の団体に加え，約100の主要な環境団体を会員とするDNR（Deutscher Naturschutzring：ドイツ自然保護連合）という連合組織も別途存在し，環境団体としての意見をとりまとめ，連邦レベルの環境政策に経済団体と肩を並べるよ

うな影響力を行使している。さらに，EU レベルでは，EU の 140 以上の環境団体から構成される EEB（European Environmental Bureau）というネットワーク組織が 1974 年に設立され，ポジションペーパーや直接的な協議を通じて EU の環境政策の形成に深くコミットしている[7)-9)]。

EU の環境団体が草の根から EU 規模に至るまでよく組織化されているのに対し，日本には独自に活動している草の根の団体が多く，分野ごとのネットワーク組織が一部形成されているものの，全国規模の網羅的な環境ネットワーク組織は存在しない。また，その活動は，それぞれの団体の主要メンバーの個人的熱意と努力に多くを依存していることが少なくない。そのため，かねてより，欧米と比較して，①任意団体が多く規模が小さい，②専任のスタッフが少ない，③財源が限られている等，その組織的基盤の弱さが指摘されてきた。1998 年の特定非営利活動促進法（NPO 法）の制定以降，法人格を有する NPO の数は飛躍的に増大したが（脚注 2），スタッフや財源の不足状況には，大きな変化がないとみられる。しかし，その分，官僚主義に陥ることなく，地域に根ざした試行錯誤の中で，前述の矢作方式，西淀川方式のような独自の協働モデルが生み出されてきたともいえる。

このような歴史的・社会的背景があるからこそ，環境団体や協働のコーディネータを務める専門家の間には，協働の仕組みを法制化することに対する根強い警戒感や訴訟を合意形成の障害と捉える向きが一部に存在するものと推測される。それゆえ，協働の仕組みを整備するに当たっては，参加・協働から訴訟のプロセスを一体的・動態的に考察するとともに，草の根の活動の良さを活かし，柔軟性，多様性を担保できるような協働のローカル・ルールの可能性が追求されるべきである。この意味で，協働イノベーションは，自治のイノベーションと密接に関連している。

オーフス条約は，その成立過程から見れば，国連欧州経済委員会の枠組みで策定された条約ではあるが，もともとリオ宣言第 10 原則の具体化をめざ

（脚注 2） 2010 年 12 月末現在，環境分野の活動を行う団体として認証を受けている NPO 法人は 12,003 団体である（https://www.npo-homepage.go.jp/data/bunnya.html）。

す条約であるという意味では普遍的意義を有している。また，現在，欧州経済委員会の加盟国は，北米，中央アジア諸国にまで広がっており，カザフスタン，タジキスタン等の中央アジア諸国も，すでにオーフス条約を批准している。そして，2008年にラトビアで開かれたオーフス条約第3回締約国会議では，リーガ宣言が採択され，欧州経済委員会の地域外へもオーフス条約の普及をめざすことが盛り込まれている。その1つの方法は，他の環境条約の中にオーフス3原則を盛り込むことであり，2010年に名古屋で開かれた生物多様性条約およびカルタヘナ議定書の締約国会議（COP10／MOP5）でも，オーフス条約とカルタヘナ議定書の連携が図られた。カルタヘナ議定書は，遺伝子組換え生物（LMO：Living modified organism）に関する意思決定への市民参加について定めており（23条），また，オーフス条約においても，2005年に採択された改正条項（未発効）により，LMOに関する市民参加が明示的に盛り込まれている。個々の環境条約の中に横串的な共通原則としてのオーフス3原則が順次導入されていけば，それらの条約の加盟国にも，オーフス条約を批准しているか否かにかかわらず，3原則が浸透していくことが期待される。これらの点に鑑みれば，オーフス3原則は，環境分野の市民参加のグローバル・スタンダードになりつつあるといえよう。

　それゆえ，日本の協働イノベーションを考えるうえでも，オーフス3原則は不可欠の視点を提供していると考えられるが[10]，重要なのは，日本の先駆的事例の歴史的意義や特性を踏まえつつ，日本に適した形でオーフス3原則を適用することである。協働のあり方はそれぞれの国の社会的・文化的条件によって異なりうるから，オーフス条約自身，3原則の具体化の方法については，各国に比較的広い裁量を認めている。実際，EU諸国においても，協働の具体的仕組みはきわめて多様である。また，EUの環境政策はもともと理念先行の傾向もあり，条約の批准を梃子として，より良い協働モデルが模索されている状況にある。

　それゆえ，学際的な研究により，日本の協働の強みを活かしつつ，オーフス3原則をも充たすような日本型の協働モデルを提示することができれば，国際的にも大きなインパクトがある。日本の協働の強みについて分析すると

ともに，参加権や司法アクセス権の保障が合意の促進と紛争コストの削減につながるという逆転の発想に立って，日本に適したオーフス3原則の適用可能性を示すことは，サステイナビリティ・サイエンスに課された重要課題の1つであるといえよう．

参考文献

1) 環境庁企画調整局編（1996）『環境パートナーシップの構築に向けて』大蔵省印刷局．
2) 大久保規子「協働の進展と行政法学の課題」磯部力，小早川光郎，芝池義一編『行政法の新構想Ⅰ』（有斐閣・2011年発行予定）．
3) 大久保規子（2010）「環境ガバナンスとローカル・ルールの形成」都市計画，**59**(1), 23.
4) 髙村ゆかり（2003）「情報公開と市民参加による欧州の環境保護」静岡大学法政研究，**8**(1), 1.
5) 大久保規子（2006）「オーフス条約とEU環境法」環境と公害，**35**(3), 31.
6) 大久保規子（2008）「環境公益訴訟と行政訴訟の原告適格―EU各国における展開―」阪大法学，**58**(3-4), 103.
7) 大久保規子（1997）「ドイツ環境法における協働原則―環境NGOの政策関与形式―」群馬大学社会情報学部研究論集，**3**, 89.
8) 大久保規子「ドイツ環境法における団体訴訟」塩野宏先生古稀記念『行政法の発展と変革下巻』有斐閣．
9) 大久保規子（2005）「環境団体訴訟の新動向―EU法の発展とドイツの実態―」環境と公害，**34**(4), 21.
10) 大久保規子（2006）「オーフス条約からみた日本法の課題」環境管理，**42**(7), 59.

第4部

持続可能な地域へ向けた実践と展望

持続可能社会を展開していくための基本単位は「地域」であり、大阪大学のサステイナビリティ・サイエンス研究の中心的な対象もまた「地域」であった。第4部では、環境モデル都市での取り組み、都市緑化（アーバン・グリーニング）、地域文化の継承を取り上げ、地域レベルからのサステイナビリティ・デザインを論じる。

第10章
日本の環境モデル都市の政策的背景と実践

木村　道徳

10.1　はじめに

　近年顕在化している地球温暖化などの地球環境問題の多くは，都市に起因するものであり，都市の持続可能性に疑問がもたれている。これら多くの地球環境問題の中でも，地球温暖化問題は人類全体が直面する課題の一つである。先進工業国による生産活動の活発化とそれに伴う都市化は，エネルギーを大量に消費し CO_2 に代表される温室効果ガスを大量に大気中に排出してきた。また近年では中国をはじめとする途上国においても都市化が進んでおり，地球温暖化に伴う気候変動が都市に与える多大な影響を考えると，都市の低炭素化は避けて通ることはできない課題である。

　このようなことから近年，わが国においては，2050年までに CO_2 の大幅削減を目指す環境モデル都市の選定や「低炭素都市推進協議会」の設立，2050日本低炭素社会シナリオにより道筋が示されるなど，国を挙げての取組が本格化しつつある。しかし，低炭素都市の実現には普遍的な方法論があるわけではなく，都市を取り巻く自然環境および経済，文化，歴史などの地域特性を十分に考慮する必要があり，その上で従来型の都市構造を低炭素型に転換するという長期にわたる取組みが求められる。

　世界的にみても低炭素都市に向けた取組はスタートを切ったばかりであり，まずは従来の都市構造を低炭素型へと大幅に転換するための道筋を定めることが求められる。このことから，低炭素都市構築に向けてその前提条件となる地域特性を把握し，従来の都市構造を転換することのできる取組に関

する議論がおこなわなければならない。そこで本節では，低炭素都市に向けて先行的な施策を推進している環境モデル都市事業において実践されている取組について，各都市の背景としての地域特性を踏まえた上でいかに都市構造の転換を図りつつあるのかを紹介する。

10.2 環境モデル都市事業

わが国全体としての低炭素社会に関する取組は，2008年1月におこなわれた当時の福田内閣総理大臣の施政方針演説において，世界に先駆けて低炭素社会への転換を進めることで国際社会を先導していくという方針が掲げられ，地域活性化統合本部会合において「都市と暮らしの発展プラン」として了承され位置づけられたことにより始まる。

これに基づき温室効果ガスの大幅な削減に取組む自治体を選定する環境モデル都市事業が開始された。環境モデル都市は，低炭素都市を構築するための交通やエネルギー，廃棄物，森林保全等の施策を，都市レベルの地域特性に合わせて統合することで，従来の社会経済システムを根本的に見直すという大幅な構造転換により温室効果ガスの大幅削減の実現を目指すものである。環境モデル都市の選定基準では，1）効果的な温室効果ガス削減の具体策の提示，2）全国的な取組へと波及する統合アプローチの提示，3）魅力的な都市・地域の将来像の提示，が求められ，①温室効果ガスの大幅な削減，②先導性・モデル性，③地域適応性，④実現可能性，⑤持続性，の5つの観点から選定された。大幅な温室効果ガスの削減とは，2020年までに現状のエネルギー効率を30%改善し，2050年までに50%以上の削減をおこなうこととしており，長期目標を立てた上で持続的な取組が展開されることが求められる。

また，選定においては単に上記基準を満たすのみならず，大都市および地方中心都市，小規模市町村の都市規模毎にモデルとなる事例が選定されるように，都市規模レベルで選定自治体数のバランスが考慮されている。さらに，小さな都市規模の自治体ほど個別の取組の先導性が重視されるなど，選

第4部　持続可能な地域へ向けた実践と展望

表10-1　環境モデル都市

大都市	北九州市（福岡県）	京都市（京都府）	堺市（大阪府）	横浜市（神奈川県）
地方中心都市	飯田市（長野県）	帯広市（北海道）	富山市（富山県）	豊田市（愛知県）
小規模市町村	下川町（北海道）	水俣市（熊本県）	宮古島市（沖縄県）	梼原町（高知県）
東京特別区	千代田区（東京都）			

定基準においても都市規模のバランスが考慮されるようになっている。

　応募主体は基本的に市区町村レベルであり，提案書は2008年4月11日に募集が開始され，締め切りとなる2008年5月21日までに82件もの提案が提出されている。選定は2回にわたりおこなわれ，環境モデル都市として表10-1に示す13都市が選定された。また，京都市，堺市，飯田市，豊田市，梼原町（ゆすはら），宮古島市，千代田区に関しては，第1回目の選定においては，いくつかの基準において課題があるとして，まずは環境モデル候補都市として位置づけられたが，アクションプランの検討を経て第2回目の選定により正式に環境モデル都市に選ばれている。表10-1を見てもわかるように，選定された自治体の都市規模は，大都市および地方中核都市，小規模都市毎に偏りがなく，先に述べたように都市規模のバランスが考慮されていることがわかる。

　環境モデル都市事業には82件という多数の提案が寄せられたが，選定には都市規模や取組施策のバランスが考慮されていたため，選定都市以外にも地域特性を考慮した先進的な取組を提案していた都市は多かった。このように多くの地域で高まっている低炭素都市化への取組の機運をより確実なものとするために，平成20年12月に市区町村，都道府県，関係省庁，関係団体等からなる「低炭素都市推進協議会」が立ちあげられており，平成22年8月現在で市区町村88団体，都道府県46団体が参加している。

　今後は，環境モデル都市として選定された都市においては，取組の実行に伴う予算などの支援を重点的に受け，取組実績を「低炭素都市推進協議会」などを通じて情報発信し，国内外に普及・拡大していくとされている。

10.3　環境モデル都市の取組

　環境モデル都市では，従来からおこなわれてきた個別分野に蓄積されている知見を分野横断的に集積し，総合的な取組をおこなう統合的アプローチを通じて，温室効果ガスを大幅に削減するための具体的な方策を示すことを目的としている。統合的アプローチによる低炭素化とは，市民のライフスタイルの変革をも視野に入れ，従来の都市および地域構造，社会経済システムの根本的な見直しをおこない，転換を図ることで炭素排出量を抑えた都市構造の実現を目指すものである。環境モデル都市はこのような統合的アプローチを実践する先導的な都市を選定し，これをモデルケースとして国内外に普及させることを意図している。また，単に都市の低炭素化を目指すのみならず，都市・地域の魅力や活力の創出を同時に実現することも期待される。

　次に，環境モデル都市に選定された13都市で提案されている取組を概観すると，全体的な傾向としては，産業や商業の集積地などをもつ，北九州市や堺市，京都市，横浜市，千代田区などにおいては，それぞれの地域の産業に合わせて先進的な省エネ技術の導入による事業所や街区の省エネ化を図るモデル地区の形成をメインとし，カーボンオフセットやエコポイントなどの制度設計にも取り組もうとしている。また，自然資源が豊富な帯広市や下川町，飯田市，豊田市，梼原町，水俣市，宮古島市などは，地域の未利用のバイオマスや太陽光などの自然資源をエネルギーや資材としての活用を促進するのみならず，これら豊かな自然を活かしたまちづくりをおこなうことを主な取組としている。さらに，公共交通の利用に比べ自動車への依存度が強い富山市や京都市をはじめ，多くの都市において公共交通を中心とした交通体系の再編および省エネ化，自転車利用やエコカーの普及拡大などの取組がおこなわれることになっている。

　このように環境モデル都市の主な取組は，大まかには産業や街区などの省エネルギー化と公共交通の利用促進などの交通体系の再編，地域の自然資源の有効活用などに分類され，先述したように分野横断的な統合的アプローチ

第4部　持続可能な地域へ向けた実践と展望

により従来型の社会構造を転換することを目指すとされている。

　このような，分野横断的な取組による従来の社会構造の大幅な転換とは，基本的には従来の社会システムを支えていた分野間および産業間における関係性を新たに低炭素型都市に向けて再構築していくことを意味する。すなわち，環境モデル都市においては，さまざまな取り組みの推進により新たな分野間および産業間における関係性の創出および強化が望まれるものである。よって，環境モデル都市の取組においては，一つ一つの取り組みにおけるCO_2削減量という面のみにとらわれるのではなく，取り組みがいかに地域特性に適合しているかといかに従来型の社会構造が転換されるのかという面が重要となる。

　そこで次に，環境モデル都市における取り組みの中で，先行的に実践され新たな分野および産業間で連携を新たに創出し地域特性が考慮されている取組事例として，飯田市，梼原町，宮古島市の3都市を取り上げる。

10.4　飯田市における取組：おひさまともりのエネルギー活用プロジェクト

　飯田市は長野県の南端に位置し，南アルプスと中央アルプスに囲まれ天竜川に沿った，豊かな自然を有する約10万5千人（2010年9月時点）が居住する中山間地域の地方中核都市である。総面積は約658km^{2}で，うち約84%を森林面積が占める。また，日照時間が年間約2,000時間と恵まれている。飯田市の温室効果ガスの総排出量は，2005年度を基準に747千トンCO_2/年から2008年度724千トンCO_2/年にかけて約3%減少している。

　飯田市の環境モデル都市事業では，2005年を基準年とし2050年までに地域内の温室効果ガスを70%削減することを目標としている。これら削減においては，恵まれた森林資源と日照時間の活用により，「おひさま」と「もり」のエネルギーが育む低炭素な環境文化都市の創造をスローガンとし，自然エネルギーの活用方法と面的利用の拡大および，環境優先のライフスタイルの実現により達成を目指している。

　このうち飯田市では，恵まれた日照時間を活かした太陽光発電に関する施

第 10 章　日本の環境モデル都市の政策的背景と実践

策が環境モデル都市に先駆けて取り組まれており，環境文化都市の創造に向けた環境優先のライフスタイルへの移行という面において実績を残している。将来的には，飯田市内のすべての屋根に太陽光パネルを設置し，市内全域が面的に発電所となることを目指している。

　飯田市における太陽光発電に関する本格的な取組は，2004 年 2 月に地産地消のエネルギーシステムの構築を目指し「NPO 法人南信州おひさま進歩」が立ち上げられたことにはじまる。南信州おひさま進歩は 2004 年 5 月に市民からの寄付により第一号となる 3kW の太陽光発電設備を飯田市内の明星保育園に設置した（図10-1）。飯田市が 2004 年に環境省の「環境と経済の好循環のまちモデル事業」に選定されたことを受け，飯田市の公益的事業パートナーシップとしてさらに太陽光発電設備の設置拡大を目指し，2004 年 12 月に南信州おひさま進歩が母体となり「おひさま進歩エネルギー有限会社」が設立された。同会社は翌 2005 年に太陽光発電では日本で初めてとなる市民出資による「南信州おひさまファンド」を募集し，市民 460 名から 2 億 150 万円の出資を得て，市内 38 か所に太陽光発電設備を設置し発電容量合計 208kW の発電事業を開始している。

図10-1　明星保育園設置太陽光パネル（写真右上）

141

第4部　持続可能な地域へ向けた実践と展望

　また，ファンドとしても2007年には第1回目の現金配分を実施しており，取り組みを全国的に展開していくために2007年に「おひさま進歩エネルギー株式会社」として運営体制を拡大している。おひさま進歩エネルギー株式会社は，おひさまファンドの運営のほかに，省エネルギーを実現するための包括的なサービスを提供するいわゆるESCO事業（Energy Service Company）やカーボンオフセット事業としてグリーン電力証書の販売などもおこなう総合的な電力会社である。

　このように飯田市では，太陽光発電に関する取り組みを民間とNPO，市民との協力により推し進めている。また，設置された太陽光発電設備は，単なるエネルギーの創出という面に留まらず，環境教育においても重要な役割を果たしている。太陽光発電設備第一号を設置した明星保育園においては，園児が自由に確認できる発電表示器（図10-2）を同時に設置しており，いわゆる「見える化」によりエネルギー創出を実感することができるようにしている。この仕組みを設置した結果，園児自らが家庭においても節電行動や環境配慮行動をとるなどの報告が保護者から寄せられており，子供たちの環境意識に働きかけ効果を上げていると考えられる。

　また，園児の環境意識の高まりをうけ，保育園においても「さんぽちゃんのちかい」という約束を園児と職員がともに決めたり，節電を意識した場所にマスコットの描かれたシールを貼ったり，打ち水をおこなう地球温暖化防止活動に参加するなど環境教育に積極的に取り組んでいる。

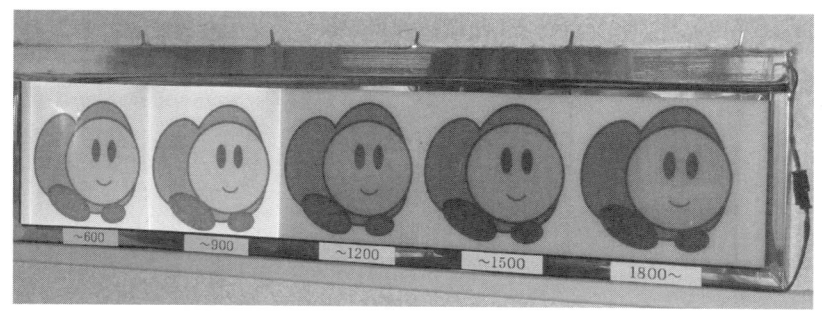

図10-2　明星保育園太陽光発電設備の発電表示器

以上のように飯田市では，地域特性を活かした環境モデル都市事業を，市民ファンドという仕組みにより市民と企業，NPO，行政が一体となり推進している。市民ファンドによる形態は，単に経済的なインセンティブとして働いているのではなく，環境問題に対し取り組みたい市民に対するきっかけとなっている。

以上のような活動の結果として，環境意識の高い児童が将来世代として成長し社会の中心を担う時，飯田市が環境モデル都市で実現を目指す環境文化都市は現実のものとなるであろう。

10.5 梼原町における取組：木質バイオマス地域循環モデル事業プロジェクト

高知県梼原町は，四万十川の上流域の日本三大カルストのひとつである四国カルスト高原を抱く山間部に位置し，総面積約230km^{2}の人口約4,000人が暮らす小規模市町村である。山間の豊かな自然を活用した林業と農業が中心産業であるが，四国カルストや自然体験施設の太郎川公園，維新の道などの自然や歴史文化遺産を活用した観光業にも力を入れている。

梼原町の温室効果ガス排出状況は，2005年で総量が26,299トンCO_2であり，1990年を基準年とすると約11％増加している。2005年の部門別の割合をみると，運輸部門の35％をはじめ産業部門27％，家庭部門26％，業務・その他部門13％，エネルギー転換部門−2％となっている。運輸部門が最も高い割合を占めているのは，梼原町は山間部に位置し公共交通機関がバス業者1社しかなく，住民の移動手段が自家用車に頼らざる得ない状況にあるためである。

エネルギー転換部門は，標高約1,300mの四国カルストに2000年に設置された600kWの風車2基（図10-3）の発電によるものである。2005年のエネルギー転換部門の割合が約−2％（−489トンCO_2）であるが，これは風車が1基故障していたことによる削減効果の一時的な減少であり，2000年では−5％（−1,214トンCO_2）となっている。

梼原町は町面積の約90％を森林が占め，うち約132km^{2}が民有林の人工林

第4部　持続可能な地域へ向けた実践と展望

図10-3　四国カルストに設置された風車

となっており，林業が盛んな土地である。2000年には梼原町森林組合が環境保全に配慮した持続可能な木材を認証するFSC（Forest Stewardship Council：森林管理協議会）による認証を取得しており，わが国有数の良好な山林を抱えている地域である。梼原町全体の森林が持つCO_2吸収能力は，2005年で62,000トンCO_2であり町全体の排出量をすでに上回るものとなっている。

しかし，このような良好な林地を抱えているものの，従来通りの間伐に特化した森林管理が続くと森林の高齢化に伴い年当たりのCO_2吸収能力は2005年をピークに減少し，2040年には町全体が排出するCO_2量とほぼ等しい15,000トンCO_2まで減少すると見積もられている。このため，成長量の範囲内で適度な皆伐・造林を加えることにより，森林の若返りを図るなど，長期的な展望をもち，継続的に管理を進めなければならない。

梼原町は豊かな自然資源という地域特性と適切な森林経営の必要性を背景に，環境モデル都市事業においては「森の資源が循環する公民協働の"生きものに優しい低炭素社会"」を目標とし，良好な森林資源の維持発展を中心

とした施策の推進を計画し実施している．適切な森林経営をおこなうためには，森林資源の有効活用がまず重要となる．このようなことから梼原町では減少しつつある出荷の向上を目指し，町役場や町営のホテル・プール・温泉施設・橋梁（図10-4）にいたるまでの建築物に可能な限り町内産の木材を使用して建築している．

　また，良好な木材生産のためには適切な間伐をおこなう必要があるが，間伐作業自体に経済的インセンティブはなく，林業家の高齢化も相まってなかなか進まない状況であった．そこで間伐作業1haあたり10万円の交付金を町から交付することにより，間伐作業が推進されている．この交付金の財源には風力発電施設の売電収益が一部あてられており，自然資源から得た利益が自然資源の維持管理を支えるという構造になっている．

　この間伐作業に伴う間伐材は，建築用途などに利用されるもののほか，搬出コストが採算に合わず未利用資源として山林に放置されるものもある．しかし，森林資源の循環利用の面においてこれら未利用資源の活用が課題となっている．梼原町では，これら未利用資源を木質ペレットとして燃料化する事業に取組んでいる．この木質ペレット化事業は，すでに実行されてお

図10-4　三嶋神社の神幸橋

第 4 部　持続可能な地域へ向けた実践と展望

り，2008 年 4 月に木質ペレットの生産工場の稼働が始まっている。また，木質ペレットを燃料とする冷暖房設備等の開発と導入も合わせて進めており，中学校の寮などに設置され，すでに稼働している。燃料としての木質ペレットはカーボンニュートラルで CO_2 排出抑制にもつながることから，これらの普及は地球温暖化対策としても有効であり，ペレット焚ハウス温風機の開発などさらなる環境モデル都市の取り組みが推進されている。

このように梼原町では，豊かな自然資源を持つという地域特性を活かし，CO_2 吸収源として高い機能が期待される森林資源の維持管理のための適切な森林経営を目指しており，地域内の豊かな自然資源の総合的な活用による相互扶助的なシステムの構築が期待される。

現状では，木質ペレットを使用する設備の普及率がまだ低く，需給と供給のバランスがとれておらず，未利用資源の活用という面では森林資源の循環の環をより強化していく必要がある。また，建築材としての木材需給の面でもより一層市場を拡大し，中心的産業として雇用の創出および利益の確保が求められる。このように，少子高齢化や輸入材木の増加など，克服しなければならない課題は多い。

しかし，町内産の木材を使用した建築物の増加や豊かな森林資源を活かした森林セラピーの展開などにより，梼原町の森林資源の価値を上げるための取組も成果を残しつつある。これにより住民および梼原に訪れた人々と自然資源との距離が縮まり，利用の促進につながっていくことが期待される。

10.6　宮古島市における取組：サトウキビ等による自給自足のエネルギー供給プロジェクト

宮古島市は，沖縄本土から西南に約 290km 離れた大小 6 つの島に人口約 5 万人が暮らしている。総市域面積は約 200km^2 で，最も標高の高い場所でも 114m と平坦な台地であり，周囲をサンゴ礁などの海洋資源豊かな海に囲まれ，マングローブ林などの貴重な自然資源も多く有している。宮古島市域面積の約半分が農耕地であり，年間約 30 万トン以上を生産する基幹作物であるサトウキビ農業と肉用牛との複合経営を基本に，マンゴーやパパイヤ，

野菜類なども生産されている。水産業も盛んであり，モズクやクルマエビの養殖業をはじめ，海ブドウやシャコガイ，イセエビなどが特産品である。また，豊かな自然と独自の文化を目当てに年間約30万人が訪れる観光地でもある。

宮古島市のCO_2排出量は2007年度で約34万トンCO_2であり，1990年度の推計約20万トンCO_2から増加している。2007年度の部門別の排出量割合は運輸部門が約30％，家庭部門27％，業務部門22％，産業部門14％となっており，運輸および家庭部門を合わせると半数以上を占めている。宮古島市の人口は近年減少傾向にあるものの世帯数は増加しており，これにより家庭部門の排出量が増加傾向にあると考えられる。

また，宮古島市内では公共交通が発展しておらず自家用車に強く依存していることが，運輸部門の排出量割合が多い主な原因と考えられる。宮古島市は島嶼地域であり，エネルギーのライン供給がないことから電力発電と運輸部門で使用される化石燃料の割合が多くなっている。

このようなCO_2排出量状況ではあるものの，宮古島市の一人当たりのCO_2排出量は全国平均と比較して半分程度となっている。しかし宮古島市は，外部からの化石燃料供給に対する依存度が高く，主要産業である観光業や水産業を支えるサンゴ礁において地球温暖化に伴う白化現象などの拡大などが指摘されており，自然環境の保全および循環型社会に向けた意識が高い。

このようなことから，環境モデル都市事業に先行して2007年に宮古島市バイオマスエコタウン構想を策定しており，サトウキビの製糖過程で排出されるバガス（サトウキビ搾り汁後の残渣）や廃糖蜜などの燃料利用を中心にバイオマスのエネルギー化を進め，宮古島市において特に問題となるエネルギーの循環利用を目指した施策がすすめられている。サトウキビ廃糖蜜を利用した自動車燃料としてのエタノール生産事業は，廃糖蜜からエタノールを生産する施設および，ガソリンと混合することにより自動車燃料を生産する施設がすでに稼働しており，これら生産された燃料を供給するためのガソリンスタンド施設（図10-6）も運営されており，実際に給油することが可能である。

第4部　持続可能な地域へ向けた実践と展望

図10-6　NEDO E3専用給油所

　環境モデル都市として，これら先行的な取組みを総合し「CO_2 100％フリーアイランド」宣言を目指し，エネルギーの100％の循環利用を目指している。また観光地としての地域特性を活用し，先行的に取り組まれてきたさまざまな関連施設を巡る，エコアイランド宮古島視察ツアーがエコツアーの一環として用意されている。これはいわゆる産業観光の一種であり，用意されている基本行程に沿って施設を巡ることにより，宮古島でおこなわれているさまざまな環境活動の全貌を具体的なイメージと共に把握することができるようになっている。

　たとえば，基本行程で最初に巡る施設は「宮古地下ダム資料館」となっている。先述したように宮古島市ではサトウキビの廃糖蜜を利用したバイオエタノール生産の取り組みがおこなわれているが，エネルギー自給率を高めるためにまず原料となるサトウキビの増産が求められる。しかし宮古島には大きな河川や湖がなく，サトウキビ生産は天候に大きく左右されるものであった。そこで，地下水をせき止め農業用水として使用するために地下ダムの建設がおこなわれ，1993年に砂川地下ダム（総貯水量950万トン）が1998年に福里地下ダム（総貯水量1,050万トン）が完成している。地下ダムの完成

と農地灌漑の整備により，水不足に悩まされない安定した農業生産がおこなえ，サトウキビ増産のための下地となっている。

また，サトウキビの増産においては肥料もまた重要となり，このことから家畜糞尿やサトウキビバガス，生ごみなどを肥料化する施設である「上野資源リサイクルセンター」も見学することができる。さらにバイオエタノール生産から供給施設などを全般に見学することができ，サトウキビの生産から供給までの現場を実感することができる。宮古島の美しい海と自然を合わせて見ることで，守ろうとしているものと向かおうとする方向性を実感することができるプログラムとなっている。

このように宮古島市では，基幹作物であるサトウキビを中心にエネルギーの循環利用を目指し，サトウキビ廃糖蜜やバガスを活用したエネルギー生産に関する施策を推進している。これらの推進には，サトウキビ増産に伴う肥料の過剰施肥による硝酸態窒素などの地下水汚染や，バイオエタノールの使用に伴うNO_x系物質の排出など克服せねばならぬ問題はまだ多い。しかし，観光地という地域特性を活かしたこれら取り組みに関連する施設の観光資源化により，市民の認識および理解を地域内外で深めることができ，長期にわたる活動を継続するための原動力の一部となると考えられる。

10.7 まとめ

以上，我が国における低炭素社会への転換に向けた先進事例である環境モデル都市に着目し，すでに実践されている施策の背景としての地域特性と経緯について，具体的な事例をもとに紹介した。環境モデル都市において実践されている施策の多くは，地域の自然環境や経済，交通事情などの地域特性を背景に，地域における問題意識が強い課題から先行的に取り組まれていたものと考えられる。調査をおこなった三都市では，先行的な施策が地球温暖化対策につながることから，これらをより総合的に発展させるために環境モデル都市への応募をおこなっていた。また，先行的な取り組みが核となり，環境教育や自然資源の活用，観光資源化などの分野へと拡大していくことに

より，結果として市民の環境意識の向上にもつながっているのである。

参考文献

1) 内閣官房　地域活性化統合事務局（2008）環境モデル都市募集の概要.
2) 内閣官房　地域活性化統合事務局（2009）環境モデル都市の選定結果について.
3) 内閣官房　地域活性化統合事務局（2009）環境モデル都市の取組について.
4) 飯田市（2009）飯田市環境モデル都市行動計画書.
5) 梼原町（2009）梼原町環境モデル都市行動計画書.
6) 宮古島市（2009）宮古島市環境モデル都市行動計画書.

第11章
高齢化社会とアーバングリーニング

小林　昭雄

町村　尚

11.1　都市の成り立ちとこれからの都市の課題

11.1.1　都市の成り立ちと持続性

　都市の成り立ち，成長，発展は，その都市ごとに固有の特徴を備えている。物理的要素，生物的要素，政治的・社会的要素など，詳細に解析することによっていくつかの類型を見出すことができる。物理的要素として，立地的に温暖な気候域にあり，地盤が安定し，大きな自然災害のないことは重要な要件にあげられるが，近世以降の治水・土地基盤工事を施すことによって自然条件を克服し，新たな価値観を得て再発展を遂げつつある都市は多数ある。さらに，給水・排水など基盤となる生活インフラの設営の容易さも，快適な生活樹立には重要な要素である。また，都市生活の生物学的要素としては，良質の水源に恵まれ，近郊からあるいは交易により食糧供給が容易であることも重要である。

　古代都市であるイタリアのポンペイ（Pompeii）の火山噴火による埋没や，エジプトのアレキサンドリア（Alexandria）の地震による海没はいずれも大きな自然災害であり，物理的要因で発生したものである。かつて中国とヨーロッパを結ぶシルクロード沿いにはオアシス都市が存在し，人々の往来や物流（交易）に貢献してきたが，この千年間で多くが衰退した。原因として，物理的要因である水源の枯渇や政治的，社会的要因による往来の安全確保が困難になったことがあげられる。古代シュメール文明は，過剰な農地開発と

かんがいによって土壌劣化をきたして衰退した。巨大な石像・モアイで知られるイースター島の文明は，森林を伐りつくした時に終焉した。古代エジプトではナイルの恵みを持続的に利用し，異民族に征服されるまで繁栄した。ナイルの源泉である森林地帯は遥かに遠かったために破壊を免れ，代わりに石と草の文明を育んだ。これらは，生物学的要因の重要性を示している。

都市がさらに発展可能か，また発展してきた都市がそのポテンシャルを維持し持続可能な形でその活力を継続できるかは，物理的・生物学的要素をいかに充実させられるかであり，その地域の生活環境の質を高めるか否かはその工夫と努力にかかっている。

11.1.2　日本の都市計画の原点

中国の都城を模倣した平城京などの都や，要塞都市としての鎌倉など除くと，都市の代謝を考慮した日本オリジナルの都市計画は安土桃山時代に花開いた。大坂城を取り巻く城下町は，地域に集約された政治や経済をいかに効率よく発展させるかに焦点が注がれた。秀吉から東国入りを命じられた家康は，大坂を参考にして江戸の町割りをおこなった。盛んに築城された安土桃山から江戸時代は，それと同様な思想で各地に町づくりがなされた。その中では城主の思いが強く反映され，防衛の必要性がトーンダウンした江戸時代には，機能的な城下の区分けに重点が置かれた。江戸期はおよそ300藩の地方分権の時代であり，城下町は城主の意を反映した，ある意味望ましい形で街づくりがなされた。明治維新後は食糧増産と失業武士対策のため，北海道では欧米のシステムを導入した計画的農村都市が建設された。また炭鉱，紡績，製鉄などの産業を核とする都市，貿易や交通の節点となる都市，大都市近郊に快適な住環境を提供する都市など，新しい機能を加えた都市が計画的に建設され，発展してきた。

11.1.3　現在の都市

それでは，現在の日本の都市の現状と将来は，どうであろうか？大都市を中心に多くの都市は第二次世界大戦によって破壊されたが，戦後の復興の中

で，工業団地の設置など一部の都市機能向上に向けての自治体の関与はあるものの，全体的に街づくりは経済的ニーズに任せる形で進み，必ずしも強いイニシアティブをもち百年の計にのっとった形で進められた訳ではない。戦後の闇市から発展した商店街が各地にみられるように，戦災復興の中で十分に練り上げられた計画に則ったものではなかった。1970年代当時，最適と考えられた街づくりも車社会の到来を充分に予測できず，また，その後の少子高齢化社会到来への認識が欠如していたことは否めない。都市部での無秩序な自動車増加は交通戦争と環境悪化，ひいては地球温暖化をもたらした。

　日本は急速に高齢化し，2010年には，65歳以上の人口は3000万人に肉薄し，ほぼ四人に一人が高齢者となる，まさに，高齢化社会から高齢社会に突入した訳である。また人口構成は大きく変化し，非就業労働者数は著しく増加した。地方では周辺に就労の機会が少ないため，その傾向は顕著である。しかしながら，人口過疎地での交通，光熱水関連，食糧，金融などのサービス，すなわち，生活インフラを断ち切ることはできないため，そのインフラ維持の経費は無視できない額である。このように，急激な高齢社会へと変貌する中で，費やす費用は中小都市の存続と発展の足枷となる。今後，都市の再開発を実践して行く中で，低炭素社会の実現に向けた環境対策と少子高齢化における問題点をしっかり分析し，それらを踏まえた俯瞰的視点に立って開発を進めることが望ましく，次世代において，どのような時代的要求がなされているのかを検証し，それを踏まえ，百年の計をもって魅力ある都市計画は進められるべきである。

11.1.4　高齢化時代の都市居住のニーズ

　都市の構成は多極的であり，住宅地域であるベットタウン，商業・業務地域，二次生産を中心とした工業地域，新鮮な野菜を供給する農業地域などから成り立つ。従来の都市インフラが高齢社会において，従来通り機能する可能性は薄い。高齢社会における終末期前の一定期間（約15年）に要望される事項として，前半では生活必需品の確保の容易さ，心理的不安の解消や軽減，精神的満足度の向上などが考えられ，後期には医療介護施設と介護シス

テムの充実などがあげられる。まさに，ハード面では上記事項を取り込んだ統合的なインフラ構築が必要であり，ソフト面では都市部でのコミュニティ形成とその運用に知恵を絞る必要がある。

11.2 アーバングリーニングの可能性

11.2.1 Go Greening とアーバングリーニング

高齢社会における望ましいライフスタイルをどのように描くかは，余りにも多くの要素があり，限られた紙面で到底書きつくすことはできない。高齢社会の中，老齢化しつつある都市をより魅力ある形に変革して行くかは急務であり，ここでは高齢社会における QOL（Quality Of Life：生活の質）の向上を，植物活用を一手段としていかに成し遂げることができるかを述べてみる。

アーバングリーニング（Urban Greening）なる言葉は，都市緑化との連関で最近よく耳にする言葉である。緑化の英語は tree-planting で，緑化運動は tree-planting campaign，また greening はより広範な植物を用いたアメニティ展開を意識して使われている。筆者は green＋ing を，shop＋(p)ing や fish＋ing と同様な活動を表す語句としてより広義的に捉えている。すなわち Go Greening は，都市の公園や道路の緑地帯，橋上や運河沿い，河川敷などに積極的に樹木を植えて自然な景観を産み出そうとする試みや，都市周辺での植物活用に関わる行為や活動を念頭に，Go hiking の延長としてそれを位置づけている。アーバングリーニングは，都市緑化の象徴的な言葉となりつつある。都市でのデメリットを克服し，これから始まろうとしている大型都市開発やライフスタイル設計に，植物のもつ優位性をどのように生かしていくかを考察した。

11.2.2 Culture の意味

文化を意味する Culture の語源は「耕す（Cultivate）」であり，農業分野では，栽培，耕作，育成，培養を意味する。Agri-, Aqua-, Arbori-, Water-,

Hydro- を culture の接頭語的につけ，それぞれ，農業，養殖，樹芸・育種，水耕，水栽培と訳されている．Horticulture は園芸を意味する英語で，Horti- は「園」に，culture は「芸」に相応する．芸は技能や学問，遊びに必要な技を意味している．城壁に囲まれたヨーロッパの都市において，Agriculture は城壁の外の耕地での栽培，Horticulture は城壁の内すなわち都市内の栽培と区別されていた．園芸は区画の中に草木を植え育てることを意味しているとの理解から，都市での Greening は園芸の意図を包含するといえる．樹木を植えて生活に潤いをもたせる行為は樹芸（Arboriculture）と言われ，これもアーバングリーニングの範疇に含まれる．

11.2.3　都市生活に活かすため植物のもつ優位性

植物は数十万種存在し，多種多様であり，環境変化を選択圧として進化してきた．そして，植物が現在のような地球環境，生活環境を作り出した．ここでの重要な点は，植物にとって現在のような都市部での生育環境は，植物進化の過程で直面する初めての特異な生活条件であり，室内で植物が生育する場合その条件はさらに過酷である．

植物の主たる機能は，光合成により，光のエネルギーを有機物の化学結合エネルギーに変換蓄積することである．すなわち，適度な温度域において水と二酸化炭素を光のエネルギーで還元し，エネルギー蓄積物であるブドウ糖（Glucose）と酸素を生産する．

$$6\,CO_2 + 6\,H_2O \rightarrow C_6H_{12}O_6 + 6\,O_2$$

ブドウ糖は代謝変換され，数百万種の有機物（二次代謝産物）を生産している．光合成産物を利用するのは植物自身だけでなく，生態系の中で微生物や動物がエネルギー源として活用する．すなわち，光合成生物は食物連鎖の最上流に位置づけられる．

都市のもつメリットを判断材料とし新たに都市に住むことを決めた住民，あるいは従来の都市生活を継続する住民にとって，都市部の温暖化は大きなデメリットとなっている．真夏，都市に住むものや都市を訪れるものは，一様にビルの壁面や路面で加熱された暖気に触れ，ヒートアイランド現象を身

第 4 部　持続可能な地域へ向けた実践と展望

図11-1　自生のツタによる壁面緑化（大阪大学構内）

近に感じている。気温はしばしば体温を超え，あるいは強い日ざしを受ける地面や道路，ビル壁面からの照り返しにより，著しく不快を感じる。一方，大樹の茂る歩道の木陰は心地よく感じられ，緑の効用が実感できる屋上や壁面の緑化は建物の空調負荷を低減するだけでなく，屋外空間にも清涼感を与える（図11-1）。街づくりにとって都市部のヒートアイランド現象は大きな課題であるが，新たな植物の活用を総合的に進めることで緩和することができる。

　植物は土壌から水分を吸収し，体内に蓄積・保持する。葉からの蒸散は，根からの水分吸収を助ける。この際，蒸散作用により気化熱を奪い葉面の温度が低下することから，葉に接する空気は冷却されて結果的に周辺の気温は低下する。実際には，蒸散力は生育環境と葉の構造（機能）によって相当異なり，広葉樹や幅広の葉を有する草花では高い。水の気化熱は，1gあたりおよそ2500Jである。観葉植物としてよく見かけるリュウケツジュ科ミリオンバンブーを水耕栽培下で実測してみると，主軸から出芽した1ヶ月後の成葉では，室温25℃，湿度65%で，$10cm^2$当たり，毎時0.05〜0.1mlの蒸

第 11 章　高齢化社会とアーバングリーニング

図11-2　室内緑化・オフィス緑化（大阪大学 FRC 実験棟内の事例）

散量（気孔蒸散，クチクラ蒸散）を示す。厚さ 0.3mm 程度の緑葉は，夏期日中，蒸散が無いとすると 50℃を超える。しかし，実測値では，35℃程度であるため，気化熱が葉面の冷却に役立っている。これはちょうど，水冷システム（冷風扇風機）と同じ機能である。市販されている簡易な装置の例では，相対湿度 40〜50％で，気温 35℃環境下，気化熱を効率よく利用できれば，出口温度は，25℃程度まで下がることが実証されている。

　オフィスなどの室内での乾燥は，労務者の肌荒れを引き起こすばかりでなく，帯電しやすく不快に感じる。マイナスイオンを増加するとの謳いで，冷暖房による室内の乾燥を緩和するための植物の効能を重要視している事例も見られる。オフィス環境改善のため，植物葉からの蒸散作用を活用しようとの試みが注目されており，室内緑化が推奨されている（図 11-2）。

11.2.4　森・林の快適性の屋内への導入

　森・林のもつ快適さを日々の居住空間に取り入れるため，誘導可能な要素を考察した。我々の生活空間で快適性に寄与すると思われる基礎要素とし

表11-1　人の五感と森林の快適性の基礎要素

五感	森林の快適性の基礎要素
視覚	開放感，草木（緑）の存在，木の葉の揺れ，ほどよい明るさ（照度2,000〜40,000ルクス），光の斑，眺望
嗅覚	草木の香り（アロマ）
聴覚	木々をわたる風，静寂，小鳥の鳴き声，葉擦れの音，虫の音，せせらぎ
触覚	気温（適温18〜22℃），湿度，木漏れ日や風の息（温熱感覚の変化）
味覚	テルペン類が口腔の粘液に溶解して呈する微苦味

て，人の五感との関係から以下の表11-1のような条件項目があげられる。

とくに，先述の五感の内，味覚を除く四感をいかに都市空間の要素として取り入れ，都市生活のQOLを向上できるかを考えなければならない。その中でも視覚は重要で，「緑」1色を例にとってみても明暗や混色によって種々の緑色をつくることができ，また感じ方に個人差がでる。鶯，木賊(とくさ)，鶸(ひわ)，萌黄，緑青，若竹，これらは数十ある緑系色の和名のほんの一部で，日本人は古くから微妙な色合いを識別し，使い分けてきた。また直接目にする緑だけでなく水面や磨きぬかれた板縁に映る緑を楽しみ，床の間の生花，襖絵，庭，遠景を一体の空間としてとらえるなど，室内に居ながら自然を感じる工夫と感性を養ってきた。

嗅覚は視聴覚を超えた感覚であるとされ，日本で発達した薫香の文化の深遠さに驚かされる（智の木協会ホームページ参照：http://www.chinoki.jp/）。とくに沈香に代表される古来の香りは，まさに時空を超えた存在であることを，京都で長年，香老舗を営む畑正高氏は力説している。室内緑化の実験区では，青葉アルコール（ヘキサノール），ピネンなどのテルペン類，バニラのようなフェノール類が，森の香りの主成分として検出されている。春，芽吹きの時期，戸外で感じられる香りの成分は我々に安らぎを感じさせる。ハーブ類は，とくに西洋で人気があり，香水の普及でアロマオイルの精油成分は新たな香りの文化を形作ってきている。森林での香りによる癒し効果は，針葉樹が生産するピネンを主成分とするテルペン類，木材腐朽菌や放線

第 11 章　高齢化社会とアーバングリーニング

図11-3　京都の伝統的坪庭

菌の生産するジオスミンのような揮発性混合成分による。また揮発成分の中で，抗菌性活性を持つものはフィトンチッドに加えている。

11.2.5　中庭・坪庭要素を都市で生かす

坪庭で知られるように，中庭設置の発想は，うなぎの寝床で知られる京都街中の商人・職人の住まいづくりで工夫された生活の智恵である（図11-3）。アトリウムの起源は古代ローマ家屋内の屋根のない空間であり，スペインなどにみられるパティオも同様で，植物を配して癒しの空間機能を担っている。現代のアトリウムはガラス屋根で覆われた街路空間であり，大型ホテルなどでも植栽を導入してオアシス的場として採用されている。イギリスなどでは，ガラスで覆った半屋外空間をコンサバトリーとして，植物と人間の共生の場を強く意識した工夫が随所にみられる。

坪庭での植栽には四季を意識し，春の松，梅，笹，皐月のツツジ，初夏のアシビ，百日紅（サルスベリ），秋のモクセイ，モミジ，マツは欠かせない要素である。この外に，ツワブキ，椿，山茶花なども用いられ，苔や羊歯が常緑要素として取り入れられている。坪庭の三方，四方を囲む縁側から直接あるいはガラス戸越しに，石や灯篭とともに見事に配置された樹花を楽しむ

設計となっている。

11.2.6 植物工場の多様な効果

都市近郊で，個人農園や工場の建て屋を利用した野菜工場が注目されている。いずれも，自ら野菜や果物を栽培し，それを食材にしようとする試みである。小規模の野菜工場の普及は個人レベルに留まらず，レストランや会社の社員食堂，大学生協に供給システムが組み込まれ，事業体に隣接する形で進められようとしている。植物の育成は，単に実益のみならず，園芸療法的視点からも注目される。また，幼稚園のドイツ語である Kinder Garten もその源流を意味し，「植育」に通じるものと思っている。一方，企業が雇用機会均等法の下の社会的責任を果たすべく，障がい者の就業の場として取組んでいる事例も注目される。病院やケアハウスにおいても植物工場，野菜工場を併設し，入居者が農業生産の喜びを実体験し，あわよくば収益性をもつことができれば，一石二鳥である。

11.3　アーバングリーニングの技術

11.3.1　アーバングリーニングの対象空間

都市は多くの至便性を備えている一方で，森林や緑地帯のもつ快適性が欠如している。都市において Greening による快適性を創出可能な未利用空間がどの程度あるかを調べてみた。道路敷地，高架橋・河川橋の上下・側面，公園，運動場，官公庁敷地，ビルの壁面・屋上，オフィスビル等の屋内・室内，駅構内・渡り通路（架橋），地下街・地下通路，駐車場，空きビル・家屋，民家の庭など，至る所に未利用空間を見出すことができる（図11-4）。

我々人間の活動中心が戸外であった時代は，活動空間での緑の草木との共存は自然であった。しかし，現代人の都市生活を分析してみると活動時間の80％程度を戸内での滞在が占めている。その中で室内緑化・屋内緑化の重要性が指摘されている訳であるが，居住域で健全に植物を育成するには，光，熱，水という要素を有効活用する工夫が必要である。そのための技術と

第 11 章 高齢化社会とアーバングリーニング

図11-4 都市空間緑化が期待される大阪梅田繁華街

して，光パイプ，鏡による反射光の活用，余剰電力・余剰エネルギー（都市生活によって生み出される余剰電力や熱）利用，雨水，中水・下水の活用などがある。またオフィスや住宅の限られた室内空間のどこに植物を配置すると機能的かも，工夫が必要である（図 11-5）。

11.3.2 光の利用

光は，植物育成に最も重要な要素である。植物は生活環境に適応し進化してきた。乾燥条件で生育可能なサボテンから，高温多湿な東南アジア産観葉植物，日照時間が短く寒冷な地で生育可能な針葉樹など多種多様な植物が存在する。成長速度と光量は数千ルクスまでの環境下ではパラレルであるがそれ以上では飽和し，真夏の太陽光のように十万ルクスを越える強光下では，光合成にかかわる代謝機能が破壊され，その回復に 10 時間程度要する。と

第4部　持続可能な地域へ向けた実践と展望

図11-5　室内緑化・キッチンガーデンとしてのトマト頭上栽培

くに，夏季，屋上緑化や南面での壁面緑化では，光量過多により植物は光障害を受け，光合成装置を構成するD蛋白は，光が強すぎると分解され光合成機能低下に至り，外観も損なわれる。一方，デンプンの蓄積能力の高い植物は強光を必要とするものが多い。したがって，生育環境の光量に適した植物種を選抜する必要がある。

室内緑化，屋内緑化に役立つ候補植物を見出すことは，数十万種の植物が存在するにも関わらず難題である。密林の林床で育つ植物，井戸の石垣や洞窟の入り口付近で生育可能な植物，洞窟中で育つ苔類などはその候補である。耐蔭性植物は多種多様であるが，室内程度の照度（500〜2000ルクス）で生育し，開花し結実可能な植物種は殆どない。しかし，ビルの谷間，駅構内など外気に開放された空間やガラス窓から光が誘導される条件であれば，数千ルクス程度の光量は確保できるため，生育可能な植物種はかなり見出せ得る（図11-6）。また，反射光の利用やそれ専用の光パイプ，光ファイバーを用いて，太陽光を誘導することで，アーバングリーニング展開の場は広がっていく。

第11章　高齢化社会とアーバングリーニング

図11-6　弱光下で生育するサトイモ科植物

11.3.3　熱環境

　現在，都市の温度は著しく上昇し（大阪市内では大阪万博以降，平均気温は1.6℃上昇），高温は屋上緑化や壁面緑化での植栽にも影響を与える。現在，建設業で使用されている比熱が小さく断熱性が高い壁面素材は，建物表面温度を上げるため，反射される光や空調による廃熱発生と共に，都市部での温度上昇の要因となっている。このような現在の都市部での栽培環境は過酷である。植物の成長活性が高ければ，蒸散力も光エネルギーの活用能力も高いため，熱吸収に大きく役立つことになる。

　栽培基盤（一般には土壌）の適正な温度域は，20〜25℃程度が望ましく，温度の著しい上昇は，根圏域の微生物活性にも影響を与え，30℃以上の高温は一般に根の伸長を阻害する。植物の種類にもよるが，25℃以下が望まれる。無論，病虫害とのかかわりがあるため最適条件は一定ではない。

11.3.4 水の利用

たとえばヒマワリでは，150cm高一本あたり，発芽から7月の開花まで（100日）に要する水量は，試算では200ℓ程度となる。高麗芝の屋上緑化パネルからの蒸発散量は夏季晴天日には一日7mmを超え，これは森林の蒸発散量を上回る。かん水方法，栽培基盤の性質や覆いをするなどの工夫により要水量を減少させることは可能である。水供給は，都市でのGreening展開に不可欠な要素である。水の供給には，上水として使用後の二次水や雨水の貯留，空調冷却により生じる大気凝結水を当てることが可能である。降水量は，大阪市を例にとると年間1450mm程度であり，これらを合算すれば周年十分賄える。

過度の水の施用は栽培基盤からの栄養素の流出を伴い，水質汚染（排水システムの劣化）に繋がる。また植物葉からの蒸散力に期待するあまり，過度に給水することは根腐れの原因となり，生き生きとした植物を育て維持していくことは困難である。生育に適切な水管理と未利用水の有効利用の両方の観点から，水利用システムをデザインする必要がある。

11.3.5 生産基盤と植物の栄養素

植物は，成長過程で必要とする栄養素が異なる。窒素・リン・カリウムは主要な養素であり，栄養成長・開花・結実時に適量必要であることは周知の事実である。通常の水道水には塩素（二酸化塩素）が含まれ，永続的に水道水を水源にすることは植物の健全性には問題がある。その点，雨水の利用は好ましい。都市の雨水は硝化物を多く含むため，pHを調節すれば肥料効果もある。都市域での植栽管理目標は，成長を望む場合と成長を押さえてその存在に価値を置く場合など，用途によって異なることを念頭に対応する必要がある。成長を制御できるのは栄養素（肥料）であるが，その機能は光・温度と密接に関係し，病害とも密に関係する。これらの要件を満たすため，人工的な植物育成を念頭に開発された専用の肥料もある。

ほとんどの植物は，基盤としての土壌が無くても水耕栽培によって生育できる。水耕栽培法による植物育成には，幾つかの優位性が期待される。紫外

線を照射することで施用する液肥を無菌的に保ち，酸素に富んだ液肥を使い，根を好気的状態にすることで健全な植物を育てあげることが可能となる。実際には，20W 程度の UV ランプを液肥水面に照射することで微生物の増殖を防ぐことができ，水 1ℓ 当たり 1 分間に 50ml 程度の空気をバブリングすることにより好気的条件を作り出すことができる。

11.4　アーバングリーニング推進のしくみ

　居住域に植栽を導入することで，QOL が高まるとの認識は衆口の一致するところであり，市民団体や個人レベルでの活動は年々活発化しつつある。しかしながら，都市での街づくり提言の中で，緑あふれる豊かな環境づくりは目玉であるにもかかわらず，なかなか実現していない。新たなオープンスペースを使い，充分な資金で新たに都市を設計構築できるのであれば，前述した城主的展開から理想的な街づくり，都市づくりを達成できる。現在関西では，大阪駅周辺（梅田北ヤード），吹田操車場跡地開発が進められている（図 11-7）。開発の手法は自治体主導でコンペを開催し，自治体が絡む形で開発を統括する組織（デベロッパー）を選定し，その下に資本出資者やゼネコンを結集し進められる。しかしながら，開発コンセプトの実現資金調達をいかに行うかの難問が控えている。実際，開発当事者は入居率を重視して費用対効果を優先させるため，資金調達の難しい経済の下では開発コンセプトを生かした形での実現はできない。小さな政府が望ましいとされている現在，30 年，50 年先を見越したコンセプトドリブン（主導）のアプローチを復活させるためには，新しい価値観を市民や関係者に根付かせる必要がある。

　すでに建物がひしめく都市部において，費用対効果重視で新築したビルはこの先最低 50 年はほぼそのまま存在し，景観を重視した緑豊かな都市を実現するための足かせになる。新築を目指すビルオーナーには調和のとれた街づくりのための要素を認識してもらい，俯瞰的な視点からの街づくりに対する重要性への認識を求めたい。緑豊かな環境こそビルの価値を高め，日々の

図11-7　望まれる都市緑化の候補地（大阪梅田北ヤード周辺）

生活において屋内を中心とした生活をおくる人々のQOLを高めることが近々の重要課題であることと、そしてそれを踏まえた都市づくり、ビル建築が「新しい価値観」の下で進められることを期待したい。

　その可能性としては、経済界、たとえば経済連合会、経済同友会、新ビジネス協議会などの支援を得て、新しい価値観の定着に向かってフラッグシップをもつことと企業と個人が協働で活動できるプラットフォームづくりがきわめて大切である。筆者らはその重要性を認識し、産官学で「都市空間緑業推進システム」の構築を進めている。現在、企業と個人との協働作業の重要性を広く社会に認識してもらう、企業－市民協働のプラットフォームである「智の木協会：http://www.chinoki.jp/」の取組みは、その一例である。公共投資の妥当性を決めるのは市民の声であり、このようなプラットフォームを通じて公共事業推進における主導的役割を担うことができる。

第12章
地域文化の継承保存とサステイナビリティ

栗本　修滋

12.1　大量消費社会

12.1.1　野生の命を犠牲にして成立っている人間社会

　2010年の夏，宮崎県で口蹄疫が見つかったので，約29万頭の豚を殺処分しなければならなかった。殺処分の対象とされた子豚が元気に遊んでいるテレビの映像を見せられて，多くの人々が可哀想だと思ったに違いない。同時に，私たち人間が生きるために，実に多くの命を食んでいることもわかった。

　食用に飼いならした動物だけでなく，人間は多くの野生の命を奪って生活を維持している。日本人は1950年代半ばに，コウノトリとトキが20羽程度にまで減少していることに気がついて，人工繁殖などの保護対策を試みた。しかし，残念ながら日本で生活していた野生のコウノトリもトキも絶滅させてしまった。保護対策を講じたにもかかわらず，絶滅に向かっている状況では効果がなかったのだ。繁殖能力がすでに消滅していたようだった。ロシアで生息しているコウノトリと中国で生息しているトキを譲り受けて，ようやく但馬の地にロシアのコウノトリが，佐渡に中国のトキが羽ばたくようになった。

　日本で生活していたコウノトリとトキが絶滅した原因を農薬の利用と水田の乾田化とする考え方があるが，20羽まで減少してしまった1950年代以前の日本では農薬はそれほど使われていなかったし，水田も乾田化していなかった。したがって，農薬や乾田化だけが20羽程度にまで減少させた原因

と私には思えない。今日の農業の状況から考察するのではなく，減少に向かっている当時の社会状況を把握した上で，減少の原因を探る必要がある。狩猟や戦争の影響を含め，日本人の諸活動によって絶滅させたことは間違いない。私たちが絶滅させたのは，コウノトリやトキだけではない。絶滅危機に瀕している動植物が環境省のリストで定期的に発表されており，発表される毎に絶滅危惧種は増えている。

12.1.2　食糧の廃棄と飢餓

　私たち日本人はカロリーベースでおよそ60％の食糧を輸入しながら，年間で2100万トン程度の食品を廃棄している。2100万トンの内，家庭からの廃棄が約1000万トン，産業界からが1100万トンである（脚注1）。一方，2010年9月14日に国連食料農業機関日本事務所がプレスリリースした資料（脚注2）によると，世界中で9億2500万人（全地球の7人に1人）が飢餓状態にある。米（ご飯ではない）1kgの熱量は約3600calである。食品は有機物だから米と熱量にそれほど差がないとして，米で計算すると，米1kgの熱量は人間の1日の必要量（大人一人1800〜2000cal）の約2倍である。子供も含まれるので，地球上の人間の一人，1日当たりの必要カロリー摂取量を米換算で0.5kgとして考えると，1年間では約180kgである。2100万トンを180kgで割ると，約1.17億となる。つまり，1.17億人分の食糧を私たちは捨てていることになる。もちろん，廃棄食糧に中には，魚の骨や茶殻など食べることができない部位が相当程度含まれている。それを考慮しても，私たちは数千万人分の食糧を廃棄していると考えてよい。

　私たち日本人が不自由なく食糧を得ることができるようになったのは，比

　（脚注1）　環境省発表（htt:www.env.go.jp/recycle/food/02_current/1-1.pdf）による。「食品廃棄物の年間発生量の推移（農水省資料）」からのまとめた平成17年度産業系食品廃棄物は1,135トン。家庭における生ゴミ排出量の推移から抽出される平成17年度の家庭系食品廃棄物は1,034トンである。
　（脚注2）　国連農業食糧機関日本事務所の2010年9月14日のプレスリリース（http://www.fao.or.jp/media/press.100914.pdf）

較的最近の 1960 年代初頭だから日本で生活していた野生のコウノトリやトキを絶滅に向かわせた時期と期を一にしている。このことは，偶然の結果ではなく，私たち日本人は野生の命と引き換えに，有り余る食料を手に入れることができるようになったと自覚しておいた方がよい。

12.1.3　大量消費社会からの転換
　長い歴史の中で，私たちはいつも飢餓に脅かされていたので，食糧に対する節度をまだ獲得していないようだ。食料も工業製品と同様，大量生産，大量消費，大量廃棄の循環に組み入れられている。先（2010 年 9 月 14 日）の国連食糧農業機関日本事務所のプレスリリースによると，中国やインドは経済発展が著しい状況であるが，今なお 10％以上の飢餓人口を抱えている。中国国民の全人口を 13 億人とすると，わが国の人口以上の人々が今なお飢餓状態であると発表されている。中国は自国の飢餓人口の解消のためにも経済発展が必要と主張し，温暖化ガスを排出し続けている。高効率エネルギー機器への転換や太陽光発電など温暖化ガスを排出しない再生可能エネルギーの活用，原子力の利用などによって地球温暖化を相当程度抑制しながら，経済を発展させることができると主張する楽観論もある。しかし，地球上の限られた地理的空間の中で，中国やインド，インドネシアのような人口大国が経済を発展させた暁に，食糧などの「もの」を大量に廃棄する大量消費社会が構築できるとは思えない。限りある資源の中で，資源を大量に消失させなければならない社会はいずれ立ち行かなくなるはずだ。
　中国やインドなどの国々が一定水準の経済発展を遂げて大量消費社会に突入すると，食料に限らず，あらゆる資源の争奪戦が予想される。その結果，貧しい国々ではますます人々が飢えに苦しみ，状態はより深刻になるだろう。私たちは野生の命だけでなく，同じ人間の命と引き換えに豊かな暮らしを維持しなければならなくなる。このような世界の中で，私たちは幸せと胸を張って言うことができる暮らしを続けられるだろうか。日本のように経済発展を遂げた国は，大量廃棄をしなくても，豊かに暮らせる社会に早く転換させて，発展途上の国々のモデルとして示す必要がある。

12.2 消費社会と文化

12.2.1 企業の宣伝と消費社会

　アメリカは第二次世界大戦に勝利してしばらく経過した1950年代に，「フィフティーズ」と言われている豊かな社会を築き上げた。エルビス・プレスリーのロックンロールが流行り，当時の髪型のリーゼントは今でもロックと一体化して一部の人々を惹きつけている。ボウリング・ブームが花開いたのもこのころで，日本を始め多くの国々がアメリカにあこがれた。そのころ，アメリカの経済学者ガルブレイスには豊かな社会が必ずしも国民を豊かにしているとは映らなかった。生産者は宣伝によって今まで存在しなかった欲望を作り出し，必要ないものまで消費させていると批判した[1]。アメリカでテレビが普及したのもこの年代である。繁栄の一方で，マッカーシズム（赤狩り）と称される共産主義弾圧のような思想統制の強化や人種差別など，社会には影の部分があったことも，ガルブレイスには我慢ならなかったので

図12-1　おびただしい宣伝チラシ

はないかと思う。

　アメリカから10年遅れの1960年代になって，日本も豊かな社会になった。1968年には西ドイツを抜いて，自由主義諸国の中でGDPが第2位となった。今日ではGDP世界第2位の座を中国に譲ることが確実になっているものの，経済発展を遂げた国であることには間違いない。そんな日本では，ガルブレイスの指摘どおり，新聞，テレビ，インターネットなどから途切れることなく企業の宣伝情報が発せられている（図12-1）。毎日のようにかつらや毛染めの宣伝が繰り返されると，私のように頭髪が薄く白髪になっている人は脅迫されているように思ってしまう。がんの治療で頭髪が抜けてしまう人にとっては二重苦である。ガルブレイスは企業の宣伝によって大量消費社会が形成させられていると喝破する一方で，豊かな社会では必要とする人に尊厳を維持できるだけの最低限の所得を与えることは可能であり，教育などの公共サービスによって貧困から抜け出す政策を講じるべきであると説いた[1]。しかし，ガルブレイスの主張はその主観性の強さによって，経済学界からはあまり評価されなかったようだ。

12.2.2　消費社会に格差は必然

　フランスの社会学者ボードリヤールは，ガルブレイスの公共サービスによって消費社会システムが改善できるとの考えに対し，「消費社会は富と同時に貧困を生じさせること，消費社会は生き残るために，人類社会を不安定な状態，耐えざる欠損の状態に保つ」と，消費社会の原則を冷厳に読み解いた[2]。彼によれば社会に格差が生じるのは避けられなくて，この格差が消費社会を形成する。たとえば，1950年ごろまで東京や大阪周辺の海岸は自然の状態だった。自然海岸がどこででもあれば，その海岸には価値がなかった。その後のわずか20年の間に，大都市近郊の海岸の大半が工業用地として埋め立てられると，わずかに残った湘南や須磨などの自然海岸にリゾートとしての高い価値が生じた。土地を持っていた人は，その土地を活用して飲食店やホテルなどの経営を目論み実行する。たまたま，湘南や須磨に土地を持っていた人はなんら努力をしていないのに，周辺の海岸の環境や景観が悪

化したことによって，リゾートサービスを生産できる「価値ある土地」へと変容したのだ。その後，40年を経て湘南や須磨はリゾートサービスを生産する特権的地位を獲得している。私たちは本人の資質や努力の如何にかかわらず，格差が生じてしまう社会の仕組みの中で生きている覚悟をしなければならない。経済の上昇局面でたまたま学校を卒業する人は就職に恵まれ，下降局面で卒業する人は職にありつけないなどの世代間格差も実感させられている。ボードリヤールはこのような格差社会だからこそ，消費社会が成立すると指摘しているのだ。

　自然海岸が普通に見られた時代にお金持ちが保養地として海岸線の土地を購入し，自分のためだけの別荘にされてしまったら，私たちのように土地を持っていない庶民は海岸保養の恩恵を受けられなくなる。幸い，湘南や須磨の海岸は独占的特権的な海岸保養地とならなかったので，消費社会の仕組みによって，須磨や湘南でリゾートサービスを受けることができる。ガルブレイスは公共サービスによって格差を改善できると考えたが，ボードリヤールは配給される「もの」や「サービス」よりも，自由に購入消費できる社会のほうがよいと考えたのだろう。

12.2.3　豊かさの実感には過剰感が必要

　配給される「もの」や「サービス」はその必然として，過剰や余分は含まれないのだが，ボードリヤールは豊かさが一つの価値となるには十分な豊かさではなく，過剰なほどの「もの」や「サービス」があって，浪費できるからだと考えている[2]。私たちは食べきれないほどの食事が提供されて始めて幸せを感じるのであって，カロリー計算によって導き出された量の食事を配給されても，そのことで感謝はしても幸せを感じることは少ないと思う。

　その一方，「もの」が巷にあふれ，消費者の側に「もの」が豊かに存在すると，人は購買する必要がなくなるので，消費社会は存在できなくなる。消費社会を維持させるために，人々が購入消費する「もの」がたくさんなければならない。「もの」がたくさんあって，しかも，その「もの」が消費されるには，「もの」の破壊や廃棄が必然だとボードリヤールは考える[2]。ボー

ドリヤールが『消費社会の神話と構造』を著したのは1970年だから，ヨーロッパでは反公害運動が活発に展開され，資源の有限性が話題になっていた。1972年にはローマクラブが地球と資源の有限性を科学的に示し，警鐘をならした。このような状況の中で，ボードリヤールは消費社会が「もの」の廃棄を必然とする社会であると読み解いたのであって，それを肯定しているのではない。消費社会システムが人間的欲求を無視することの上に成立っているのだから，豊かさが限りなく後退しているのは明らかであるとも指摘している[2]。

12.2.4 意味付与と文化

「もの」は自然界から偶然産出されるのではなく，社会の組織又は社会で生活する人々によって生産されるので，「もの」は社会の影響を受けており，社会の産物としての意味を付与されている。「もの」の本質的な機能だけでなく「もの」は他の「もの」との関係で生じるセット化された意味によって，人に「もの」を選好させるとボードリヤールは言う[2]。たとえば，小脇に抱えて小物を運ぶ鞄の場合，人は「もの」を運ぶ道具としての機能だけでは満足しない。自分がそれを持った時，他人はどのように評価するのか，ショーウィンドーに飾られた多くの他の鞄と比較しながら想像をめぐらす。他人の評価はその鞄に対する意味解釈だけでなく，鞄を持っている自分という存在と鞄の意味を統合化させて意味を解釈するので，鞄選びを慎重にならざるを得ない。鞄ならまだ多少客観的に自で評価し選好することが可能だが，衣装になると選択はますます厄介である。私たちは自分の顔を自ら見ることができないから，顔を持った一人の人間としての全体像は想像するしかない。身体の目に見えるわずかな部分を，鏡に映った像を，パッチワークのように自分の想像力の糸で縫い合わせるしかないと鷲田清一は『モードの迷宮』[3]で述べている。

選択に悩んだ結果，社会的に高価であるとの意味を獲得している「ブランドもの」を選ぶ人もいる。「もの」が獲得している意味が強烈で万人にほぼ均一に評価されると期待される場合，その「もの」を持っている人にも意味

効果が波及すると考えて，その「もの」を選好する。しかし，「ブランドもの」であっても万人が所有するようになると，その意味は残念ながら消滅する運命にある。人は単に意味ある「もの」を選好するだけでなく，自分という存在を認識しているがゆえに，希少性も大切にする。したがって，消費社会にものがあふれても，あふれても，人は「もの」に満足しないので，豊かな社会は遠ざかるとボードリヤールは考えるのだ[2]。

　社会から付与される意味は当然のこととして，社会を反映している。たとえば，すき焼きでもてなすことは美味しい食事を提供することだけではなく，ご馳走をしてもてなすとの意味を持っている。しかし，江戸時代であれば建前上は忌避される食事であったので，ご馳走してもてなすどころではなかったはずである。また，同じすき焼きでも，関西では肉をすきしょうゆと砂糖で直接炒めるのに対し，関東では「わりした」と呼ばれるダシを入れて煮る。すき焼きにいきなり「わりした」を入れられると，せっかくのすき焼きでも，関西人にとっては，すき焼きの消滅とともに，ご馳走でもてなす意味も消滅する。このように，「もの」に付与される意味は時代によってことなり，地域によっても異なる。「もの」の意味は人及び人々の相互作用によって生じ，同時代性と地域性を有しているので文化の一つであると筆者は考える。

　ここで，「文化とは社会を形成している人々の相互作用又は社会の影響を受けた行為と行為の結果の総体である。行為と結果の総体は言葉や映像などの表象によって時間的にも空間的にも伝達される存在であるが，その評価に時間的空間的な影響を受けて差異を生じさせる存在でもある」と考えている。このように文化は人々の相互作用が前提となるので，文化が存在するのは相互作用が可能な限られた地域や組織であった。ここで過去形にしたのは，インターネットなどによって表象が一瞬で世界を巡る時代になったので，グローバル化した文化を無視できなくなったからである。とはいえ，表象が駆け巡ってもその表象を評価するのは自分が所属する文化の中である。つまり，本人が相互作用し影響を与えたり影響を受けたりする文化は重層的に存在し，本人への影響に強弱がある。それゆえに，大阪の文化，日本の文

化，アジアの文化，わが社の文化などと文化の前に地域や組織をあらわす形容句が付くことが多い。

ところで，ブルデューは文化を二つの側面に分けている。一つは「ハビトゥス」で「ハビトゥスは個人や個人の集団が社会の歴史が生み出した図式に沿って，考え，感じ，言葉に表し，行動すること」と考えられている[4]。もう一つは，ブルデューらが「文化資本」と指摘したものである[5]。人々によって価値付けられ，制度によって正当として承認された所作や所産は社会的な観点からすれば，動員価値のある「資源性」を持っているので，文化の中でも「文化資本」と指摘したのである[6]。この文化資本という用語は芸術と同じような使われ方をしており，「日本文化産業戦略」などと政府が政策立案する場合の日本文化は「日本の文化資本」であって，日本固有の芸術の総体を表現しているようだ。本章では先に示したように，文化を広く捉えているので，文化資本のみを文化とはしていない。

12.3 社学連携活動

12.3.1 人は遊ぶ存在

日本にはすでに有り余るほどの「もの」が社会にあふれている。「もの」があふれた社会では，人は「もの」と「もの」を比較，選好し消費する。「もの」を選好する過程で，本来的な機能への評価は相対的に低くなって，付与された意味や意味を作り出す機能を重視するようになる。人と話をするために作られた携帯電話は，インターネット端末を備えて情報を得る道具でもあり，ゲームを楽しむ道具でもある。そのデザインは使いやすさだけでなく，色や形が消費者の好みにあっていることも求められる。携帯電話が世に出始めた20年ほど前は，社会の第一線で活躍するエリートが持っているとの意味を獲得していたが，国民の大半が持つようになって，今ではその意味は消滅している。

ところで，人に限らず，相当程度の頭脳を持っている動物は成熟する前に遊び行動が見られる。パンダの子供が兄弟でじゃれあう様子や，母親に甘え

るしぐさを私たちはテレビでほほえましく見ている。パンダなどの動物は子供のころの遊びの中で危険への対処法，コミュニケーションなど，生活に必要な知識を学ぶと言われている。私たち人間は大人になっても遊び行動が継続しているので，日々の生活の維持にはそれほど機能しない携帯電話でも，生活者の大半が持っている。ホイジンガはその著『ホモ・ルーデンス』で「遊びは文化よりも古く，人は遊ぶ存在である」と述べている[7]。日々の生活を維持するための労働を除くすべての行動を遊びとするなら，私たちの文化の多くは遊びを範疇に含んでいる。個人としては生活の維持のための労働であっても，食糧が充足している豊かな社会では，商品化された遊びを提供するための労働も多くある。携帯電話を作ることは，ビジネスに必要な側面もあるが，今では多くは遊びを提供することでもある。

　豊かな社会では，「もの」の機能だけでなく，「もの」に付与されている意味や遊びを含む文化が重要と考えられるので，「もの」を作る側も消費者の要望に合わせて，「物質的なもの」から意味付与効果の高い「非物質的なもの」，「遊びを含む文化的なもの」を提供するようになるはずである。大量消費と廃棄を伴う「物質的なもの」から，「文化的なもの」に消費行動を転換させにることによって，「資源や自然を大切にし，地球の温暖化を防止する持続可能な消費社会」を形成したいと，筆者が属する大阪大学サステイナビリティ・サイエンス研究機構は考えた。少しでもその考えを実現させるため，2006年度から2009年度までの4カ年間，「もの」を作っている企業の協力を得て，社学連携活動を行った。この社学連携活動はサステイナビリティ社会を構築したいとの思いから，サステナ倶楽部と命名された。以下ではその活動を踏まえて，「もの」やサービスの自由な交換を保障する消費社会を維持継続させるために，地域文化の継承保存が必要であると論じる。

12.3.2　サステナ倶楽部の運営

　伝統産業は固有の持続性を有しているので，持続性を担保している仕組みを考えるため，伝統産業を経営している人を招き，取り組まれている生産活動を紹介してもらった。その後，活動の紹介者とサステイナビリティ・サイ

エンス研究機構の教員との対談，サステナ倶楽部参加企業の人との意見交換など，ワークショップ形式で運営した。現代に息づく歴史的なモノやサービスの担い手から直接話を伺い，意見交換によって，現代産業との共通事項や差異を認識し，現在の大量消費型消費社会を持続可能な消費社会へ転換させるために，何が必要かを見出そうと目論んだ。ワークショップの内容は以下のとおりである。

12.3.3 トマト農家とのワークショップ

　親子3代にわたり大阪府高槻市でトマト農家を営んでいるTさんが生産するトマトは，市場価格の2から3倍という高値で取引されているという。親が築いたブランドの向上と維持のために，近代科学を利用した管理農法と，地域に伝わる堆肥の工夫を組み合わせて栽培していることを知った。美味しくて安全との意味を獲得しても，個人が生産できる量は限られているので，それだけでは一定の範囲に意味が浸透しない。ブランドが形成されるには，少なくとも消費社会が形成されている最小単位には浸透しなければならない。そのため地域の農家に技術を広めて地域社会として取り組んだ。消費者は地域社会から付与された意味を読み解き，味の評価とともに意味を定着させる。このような過程を経て，Tさんが生産するトマトがブランド化され市場の2倍から3倍の価格で取引されている。店頭に並ぶ同じトマトの中で，差異を生じさせることは，消費者に選好の機会を多く与える。本人が購入しなくても，高級品があることは有り余るほどの余剰があることと同様，豊かな社会を連想させる。高級品であっても，手に入れることができる限りにおいて，少し贅沢なトマトの存在は消費する楽しみを形成している。容易に手に入るトマトよりも少し贅沢なトマトの方が，当然のこととして廃棄される量は少ない。「トマト栽培の話の後に，自分の後継者として子供を2人連れてきた。農業の持続可能性は後継者問題を抜きにして語れないが，2人は家業としてトマト栽培を継いでくれることになっており，継がせたい気持ちでがんばってきた」と心情を吐露していた。子供が継ぎたいと思える農業が存在することを知ったことは大きな収穫だった。本人も親のから技術を継

いで発展させたので，地域社会の中で3代続くことになる。農業のブランド化には地域の農業者の連携が欠かせないと述べられていたことは傾聴に値する。都市近郊農業の継続には，ブランド化が有効で，そのためには農業を支える地域社会，とりわけ都市の中で埋没しない村落文化を持っている地域社会が必要であると感じた。高槻市ではTさんの住む村落が優良トマト生産地として定着し，その地域から生産さえるトマトは土地の臭いのする安全で美味しいトマトとの意味を獲得している。

12.3.4 製薬業経営者とのワークショップ

滋賀県甲賀市のOさんは甲賀忍法の里に伝わる伝統薬をヒントに製薬業を興された。自分が育った地域は置き薬の生産，販売が盛んな土地だったので，躊躇なく製薬業を起こされたと語るOさんからは，ブルデューの言う，ハビトゥスが感じられた。甲賀の伝統薬づくりからジェネリック医薬品の製造へと至る自社の変遷と，医薬品業界の現状について話を伺った。首都圏と地方，また大企業と中小企業との対峙方法とそのあり方について議論を交えた。中小企業の目指す持続可能な発展への課題は，自社のポジショニングを見きわめて，人材を育成することに尽きるのかもしれない。「お金がつかない研究や日の目を見ないことだってあるけれども，正直に物の本質を求めることが絶対必要だ」と情熱的に話されていた。おそらく御年80歳近い企業人が「正直に本質を求めよ」という言葉は重いと感じた。

甲賀の里は忍者の里として有名で秘薬の存在を容易にイメージできるから，置き薬を生産している間は甲賀の地で生産する意味は大きかったと思われる。わが国の薬の生産地は吉野にしても富山にしても，薬にまつわる土地の歴史を有している。その土地で，近代医薬品に転換させた後でも，中小医薬品製造業者達が，過去からの物語を紡ぐことをとおして，伝統に裏打ちされた信用を獲得し，大衆薬の販売を有利に展開させている。この事実は，地域文化が有している意味付与機能の高さを示している。わが国にも，ガルブレイスやボードリヤールが説く大量消費社会の側面が確かにあるが，日本には地域社会に形成された伝統文化と近代産業とが融合した持続的な小規模産

業もある。このような存在は，存在自体が消費社会の重層性と多様性を示している。

12.3.5　大阪のお土産品，岩おこしメーカとのワークショップ

大阪市のKさんの「暖簾は革新の繰り返しによって守られる」という言葉のもとに，岩おこしメーカの代々の当主によるさまざまな企業努力や商品開発への取り組みを概観し，保守と革新のバランス，その中で伝統文化の重要性を確認した。Kさんは客が消費する自社の岩おこし量は長い経験によって把握できているので，無駄にならない量を製造していること，客が味に飽きないように新製品を投入しながら，伝統の味は頑固に守っていることなどを伺った。自社以外にも岩おこしメーカがあって，全体として大阪のお土産としての意味が付与されている。メーカはそれぞれ競争することによって，品質を保持している。しかし，過大な競争は無駄を生むので，無駄が出ないように一定量に抑えながら，品目を多くして消費者があれこれ選好する贅沢を味わえるように工夫している。これを可能にしているのは，近代化された機械設備であると機械の紹介もしてもらった。消費者の嗜好に合わせた，多品種少量生産を可能とする機械設備はわが国の技術力で容易に開発できること，伝統の味を確保しながら時代の要求に沿うために，多品種少量生産を経営方針としていることを知った。

京都の伝統的な料理店では美しい器に美しく盛り付けた少量の料理が時間をかけて次々と提供される。一回で食べる量は少なくても，美味しくて美しい料理の種類の多さで贅沢が味わえる。ボードリヤールは満足するにはあり余る量が必要と説いたが，その量は物質的な量でなくてもよいと思う。

12.3.6　吉野林業経営者とのワークショップ

奈良県の吉野林業地で林業を営んでおられるSさんは「吉野林業は農業から派生したもので，お百姓さんが夏場に米を作り，冬の農閑期には家の周りで柴を刈りながら杉や桧を植えたのが林業の始まりです」と述べている。急峻な斜面を頂上に至るまで，まるで稲のように丁寧に植栽されているスギ

第 4 部　持続可能な地域へ向けた実践と展望

図12-2　手入れされた杉林

林やヒノキ林のなぞが解けた一言だった。

　このワークショップでは，吉野林業の成り立ちを例に日本における林業の歴史を概観し，吉野杉をはじめとする日本の木材への付加価値の創造と，細分化された木材の非近代的流通システムの抜本的な改革の必要性，について考察した。木材需要の80％を外国に頼る現状が日本の山を荒らし，山が本来備え持つ機能が発揮できなくなり山地災害などの危険性も高まっている。吉野の木材は材質が良いことが知られていて，家の建築に吉野材を使うことが自慢であったが，伝統的な家の建築戸数が少なくなっている。それでも，美しい木目や強固な材質は再評価されると筆者は信じている。特に，神社仏閣の伝統建築に吉野材は欠かせないので，地域でなんとか林業を維持してほしい。吉野は，吉野杉としてまだ銘柄材の地位を確保しているだけでなく，吉野千本桜や修験道など文化的蓄積が多い。吉野には，単なる林業ではなく，吉野林業を守るためのボランティアが多くはせ参じており伝統文化の底力とそれを継承保存させる重要性を改めて知った。関西では最も優良材とされる吉野材が評価されなくなれば，少なくともそれを見本としてきた関西の

林業は立ち行かなくなる（図 12-2）。

12.3.7　シイタケ原木栽培者とのワークショップ

　このワークショップでは椎茸の原木栽培への取り組みを概観することを通して「食」と山村の持続性について考察した。市場に出回る椎茸の90％は菌床栽培によるものである。原木栽培はクヌギやコナラ，ミズナラなどの丸太にシイタケ菌を埋め込んで，栽培するのに対し，菌床栽培は広葉樹のおがくずに糠などを混ぜて培地を作り，その培地で，シイタケ菌を栽培する方法である。菌床栽培は農家でも大量に栽培できるし，工場などではより大量に生産できる。これに対し，原木栽培は原木を確保する必要があることから，大量生産は困難とされている。

　魚沼産のコシヒカリなど，食の生産地に対する人々の関心は高まってきたが，栽培方法への意識はまだまだ低いと，大阪府高槻市のWさんは嘆いた。消費社会は「もの」やサービスへの関心は高いが，生産者や生産の過程への関心は低い。ボードリヤールは生産の長い過程を消費者の意識から消し去ってしまうと指摘している[2]。1960年代まで，里の暮らしで維持されてきた里山が維持管理されなくなって久しい。その間にシイタケの原木であるクヌギやコナラ，ミズナラは人の手におえない大木になってしまった。原木を扱うには労力を要するので，農家でも扱いが楽な菌床栽培へと転換したようだ。野生のシイタケは風倒木に発生するので原木栽培が本来の栽培方法でシイタケ本来の味がすると，Wさんは考えている。味わってもらうと，評価してくれるが，シイタケの現物を見ても，消費者にわからない。

　里山の保全には人の管理が必要と生物多様性の面から強調されているが，里山の木を直接原木として使用しているシイタケ栽培の物語を作ってほしい。里山の維持や山村の活性化の意味を原木栽培シイタケへ付与できればよいと思う。私たち日本人の原風景として里山や棚田が表象されるが，先ほどのスギやシイタケ栽培など，山村の生業が表象されることは少ない。このワークショップで里山の生物多様性を維持するためには，山村で生活する人々の暮らしを維持させる必要があることを知った。今日，里山の生物多様

性は人間によって維持されてきたと論じているものの，里山の生物からそれを論じているだけで，人の暮らしを論じてこなかったことを反省した。原木シイタケに日本の原風景である山村文化の意味が付与されれば，故郷に残した父母を思い，日本産原木シイタケを購入する人も増えるだろう。

12.4 まとめ

　紙面がつきたので5回分のワークショップしか記載できなかった。私たちの生活に欠かせない食と住（住に欠かせない材木），医薬に関するワークショップである。サステナ倶楽部の最初に記述したような，遊びや地域文化に関係が薄いと思われたかもしれない。しかし，ここに記載した人たちは，単に効率よく大量に「もの」をつくるのではなく，伝統や地域の文化を踏まえて，こだわった「ものづくり」をしている。私たちは，「もの」から意味を読み解き，その意味を読み解くことを遊びとして楽しむ習慣を，まだ獲得していないように思う。この習慣が文化として定着し，ブルデューの言うハビトゥスとして認められるとき，私たちは大量消費社会から脱却しているだろう。ボードリヤールは消費社会が存続するには格差が必要と言っているけれども，そのような社会を肯定しているのではない。格差を生じさせる消費社会の有毒性を，消費によって緩和するには，ゲームの規則に参加させるような，競争的共同を無意識に受け入れるように諸個人を訓練することが大切と述べている[2]。

　「もの」に付随する意味を読み解く際，温室効果ガスの排出量や土地使用を含む資源消費などなど，サステイナブル社会形成の評価が一つの基準になれば，着実にサステイナブル社会に近づくはずだ。人が評価するのは社会と人の相互作用や人と人との相互作用によるので，文化の一つである。文化であれば地域性を持つことは先に述べたとおりである。地域社会は「もの」に意味を付与する機能が高いことをサステナ倶楽部のワークショップは示した。「もの」に意味を付与することも文化であるから「もの」が有する意味は地域性をもっている。したがって，グローバルな「もの」であっても地域

性を持たざるを得ないのだ。東京都知事がディーゼルエンジンから排出される黒い煤を振り撒いて以降，ヨーロッパでは燃費効率が良いと評価され普及しているディーゼルエンジン搭載の乗用車が，日本では激減した。このように，グローバル企業であっても，自社製品の売り込みには地域文化の理解が欠かせないはずである。さらに言うなら，狭い範囲ほど文化の影響を強く発揮するので，サステイナビリティ社会を構築するために，身近な地域社会や会社などの組織でサステイナビリティ文化を確立する活動が重要なのである。

　吉野林業経営者のSさんは「スギの板の色は日本人の皮膚の色とほぼ同じです。肌感覚が同じだから，スギの板は目にもなじみやすく飽きないのです」といっておられた。どうです，スギの板を内装に使ってみたい気分になれましたでしょうか。

参考文献・引用文献

1) Galbraith, John Kenneth, 1958, The AFFLUENT SOCIETY, 鈴木哲太郎訳（1976）『ゆたかな社会』岩波書店.
2) Baudrillard Jean, 1970, Le Societe des consommation, 今村仁司他訳（1979）『消費社会の神話と構造』法政大学出版.
3) 鷲田清一（1996）『モードの迷宮』，筑摩書房.
4) Bourdieu Pierre, 1980, Le Sens Pratique, 今井仁司他訳（1989）『実践感覚』，みすず書房.
5) Bourdieu Pierre, 1979, La distinction: critique sociale du jugement, 石井洋二郎訳（1990）『ディスタンクシオン―社会的判断力批判』.
6) 宮島喬（2000）講座　文化社会学『総論　現代文化の研究課題』，東京大学出版会.
7) Huiziga Johon, 1938, Homo Ludens, 高橋英夫訳（1973）『ホモ・ルーデンス』，中央公論.

第5部

サステイナビリティ知識の構造化とシーズマップ

サステイナビリティ・サイエンスでは知識の全体俯瞰と構造化が鍵となる。第5部では、オントロジー工学を用いた「サステイナビリティ知識の構造化」を紹介する。また、大阪大学における環境・サステイナビリティ研究シーズを網羅した「シーズマップ」を提示し、ビジョンと個別シーズの有効な組み合わせを意図した今後のサステイナビリティ・サイエンスのための研究開発モデルを議論する。

第5部 サステイナビリティ知識の構造化とシーズマップ

第13章
オントロジー工学によるサステイナビリティ知識の構造化

熊澤　輝一
古崎　晃司
溝口　理一郎

13.1　はじめに

　サステイナビリティ・サイエンスは，自然と社会との間の動的な相互作用に焦点を当てている[1]。その問題構造は非常に複雑であるが，文学，物理学，生物学から教育，公共政策，環境研究に至る実践のさまざまな場面において，現象の複雑性は分野横断性へと結び付いている[2]。それゆえ，サステイナビリティに関する問題群に対処するサステイナビリティ・サイエンスには，分野横断型のアプローチ，ひいては分野融合型のアプローチが求められる[3]。その結果，サステイナビリティ・サイエンスには，多くの専門家がかかわることになり，分野横断的であるがゆえに問題も生じる。
　たとえば，サステイナビリティに関する語彙自体増えているが，これらの定義が執筆者や組織により異なる場合が見受けられる[4]。サステイナビリティ・サイエンスが一つの学として成立するためには，概念を安定化するか，学自体で概念がゆらいでいても混乱が生じない仕掛けをもつことが必要となる。その仕掛けとはどのようなものか。それは，異分野の専門家による協働と彼らのコミュニケーションを支援する仕掛けである。サステイナビリティ・サイエンスの知識の構造化とは，このような仕掛けをプロセスの中にもつものである[5]。
　では，知識の構造化は，具体的にどのような方法論をもって行えばよい

か。サステイナビリティ・サイエンスは，分野横断型の学ゆえに，特定の学術体系にしたがった分類はできない。サステイナビリティ・サイエンスに関係する多様な領域の知識を，領域に依存しない形式で構造化するには，どうすればよいか。この要件を満たす方法論が，オントロジー工学の手法である。オントロジーとは，元々，哲学の用語で，「存在に関する体系的な理論」のことであり，オントロジー工学は，これをコンピュータが理解可能な形式で表現することで工学的に応用していこうとする知識科学の分野の手法である。ここでのオントロジーとは，対象世界に現れる概念（用語）の意味や関係性を明示的に定義した概念体系のこと[6]を指す。オントロジーの重要な役割は，知識の背景にある暗黙的な情報を明示するという点にある。たとえば，同じ「資源」という言葉でも，物質資源のみを意味するのか，経済的資源，人的資源，観光資源といったものまで含むかは，分野や文脈により異なるだろう。このような概念の意味の違いや関係性を明確に定義したものがオントロジーである。

　一方，オントロジーはサステイナビリティ・サイエンスに対してどのような貢献するのか。オントロジーの効用は，大きく分けて二点ある。一点目は異分野のデータ（モデル）統合，データ（モデル）間連結という工学技術としての機能である。二点目は，知識を構造化するためのルールを提供することによる「共考」支援の機能である。本章における「共考」とは，「問題解決に向けて各々が知識を共有しながら思考すること」を意味する（脚注1）。

　（脚注1）　Kates *et al.*（参考文献1）は，サステイナビリティ・サイエンスの研究は，「共創（co-production）」のプロセスの中で行われなければならないと主張する。サステイナビリティ・サイエンスにおける知識の構造自体を共同で構築することは，共創に相当する。しかしながら，共創によって生産された知識構造が，サステイナビリティ・サイエンスにとり意味があるかどうかは，サステイナビリティ・サイエンスが，専門分野併存型，分野横断型，分野融合型のうちのどの形態を取るかに依存する（Palmer *et al.* 前掲[3]）。共創による知識の構造化は，分野融合型を志向した取り組みに相当する。本章では，さしあたり，分野横断型と分野融合型の二者を視野に入れ，オントロジーを，知識を共有しながら思考するための道具と位置付けた。期待される機能を，共創支援ではなく共考支援としたのは，このためである。

サステイナビリティ・サイエンスにおいてオントロジー工学は，これら二つの側面での貢献が期待されるところだが，サステイナビリティ・サイエンスという新しい学自体が，じつは，専門家間の共考の産物といえよう。この新しい学の確立を目標とする本書の中で本稿では，後者の共考支援の機能に着目して論を展開する。

具体的には，サステイナビリティ・サイエンスのオントロジーを基盤とした知識システムを構築し，運用することを通して，オントロジー工学がサステイナビリティ・サイエンスという学における知識の構造化に寄与することを示す。まず，サステイナビリティ・サイエンスではどのような形式での知識の構造化が求められているのかを明らかにする（13.2節）。次に，オントロジー工学に基づく知識の構造化を実現するツールで，すでに実装が進んでいるものを紹介した後（13.3節），実際にサステイナビリティ・サイエンスのオントロジーとはどのようなものかを紹介する（13.4節）。さらに，構築したオントロジーを試験的ながらも運用して，オントロジーが共考支援の機能を実際に持っているかを検討する（13.5節）。

13.2 サステイナビリティ・サイエンスにおいて求められる知識の構造化とは？

サステイナビリティ・サイエンスにおいて求められる知識の構造化とはどのようなものなのだろうか。Clark[7]は，サステイナビリティ・サイエンスを，「カバーする領域によってではなく，取り組む問題により定義すべき」としている。これに基づけば，問題発見・解決をゴールとした知識の構造化プロセスが必要とされていることになる。次に，13.1で記述した，異分野の専門家による協働と彼らのコミュニケーションを支援する仕掛けを内包することが必要となる。具体的には何だろうか。それは，知識の構造化のプロセスをたどる中で共考して，知識の構造を更新していく仕掛けである。

この仕掛けの役割を，今回はオントロジー工学を基盤とする技術が担うことになる。本節では，計算機上で実装するためのフレームワークを知識の構造化の参照モデルとして提示することを通して，サステイナビリティ・サイ

第13章　オントロジー工学によるサステイナビリティ知識の構造化

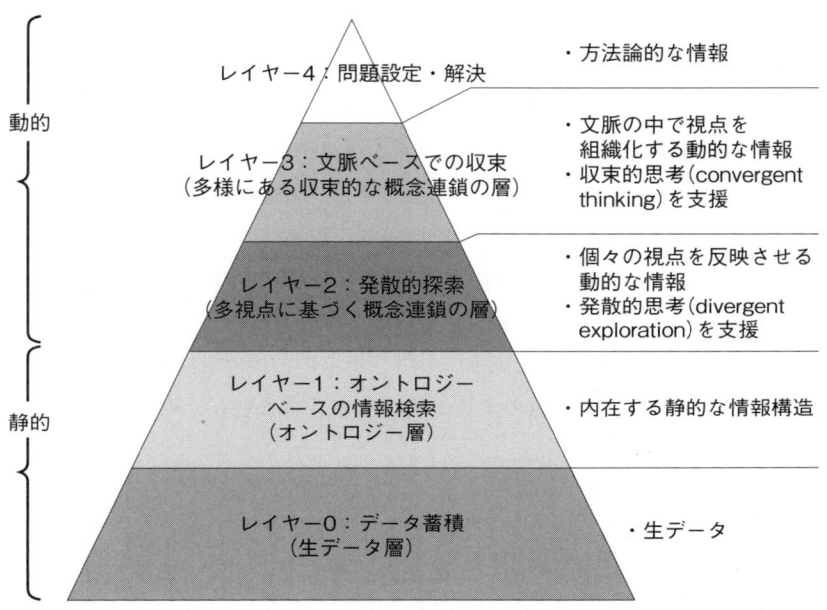

```
動的 {
    レイヤー4：問題設定・解決          ・方法論的な情報
    レイヤー3：文脈ベースでの収束       ・文脈の中で視点を
    （多様にある収束的な概念連鎖の層）     組織化する動的な情報
                                    ・収束的思考(convergent
                                      thinking)を支援
    レイヤー2：発散的探索              ・個々の視点を反映させる
    （多視点に基づく概念連鎖の層）         動的な情報
                                    ・発散的思考(divergent
                                      exploration)を支援
}
静的 {
    レイヤー1：オントロジー            ・内在する静的な情報構造
          ベースの情報検索
          （オントロジー層）

    レイヤー0：データ蓄積              ・生データ
          （生データ層）
}
```

図13-1　知識の構造化の参照モデル

エンスにおいて求められる知識の構造化の形式を明らかにする。結果は，図13-1のようになる。

　最下層（レイヤー0）は，データ層である。この層は，現実世界に対応した生データを蓄積する層である。レイヤー1はオントロジーの層である。この層は，レイヤー0の生データを説明・理解するためのオントロジーを蓄積する層である。レイヤー2は，個々の視点を反映する動的な情報に対処する。この層の主な役割は，レイヤー1で実現された概念世界を発散的に探索し，それぞれの専門家の視点に応じた概念の組織化を支援する点にある。レイヤー2の技術を使えば，各領域の専門家は，自らの関心に応じてオントロジー上の概念を自由に探索し，結果として専門領域の知識体系をオントロジー上の概念を用いて表現できることになる。レイヤー3の役割は，文脈に基づいて収束的に思考することを支援する点にある。サステイナビリティ・サイエンスが対象とする問題とその解決手段は，さまざまな文脈の中

で存立している。対象地の自然と社会の特性，問題間のトレードオフ関係（たとえば，トウモロコシにおける食糧利用とバイオ燃料利用のトレードオフ），対策を進める根拠となる法・政策・計画，事業の目的といったものである。これらの文脈情報を踏まえて，現実にある問題状況と解決への道筋を示す技術が，この層の技術となる。レイヤー4では，下位の層で獲得されたすべての情報と知識を用いて，本質的な問題解決のタスクを追求することになる。たとえば，問題解決の条件設定，新しい問題の探索に加えて，情報統合，イノベーション，新しい仮説の形成といったものがある。

　下位の二つの層は，静的である。一方，上位の三つの層は動的である。上位層の情報は，これらの層のタスクによって必要な時に，動的に生成される。

　以上，サステイナビリティ・サイエンスの知識の構造化プロセスを，計算機へ実装するための参照モデルとして明示した。オントロジー自体はレイヤー1の技術として本参照モデルの基盤を成している。次節からは，本参照モデルにしたがってすでに実装が進んでいるツールを紹介する。

13.3　オントロジーと概念マップ生成ツール

　実装が進んでいるのは，レイヤー1のオントロジーと，オントロジーを利用したレイヤー2の「概念マップ生成ツール」である。

13.3.1　オントロジー

　まず，ここで開発しているオントロジーとは何か。人工知能の立場では，オントロジーに，「概念化の明示的な規約」（explicit specification of conceptualization）[8]という定義を与え，これに基づいて，対象とする世界を構成する概念要素の一般―特殊関係，全体―部分関係などをモデル化する方略として基礎理論や構築の方法論が開発されている。本章では，大阪大学産業科学研究所溝口研究室にて開発したオントロジー構築・利用ツールである「法造(ほうぞう)」（http://www.hozo.jp）を用いて解説する。法造は，対象世界の本質的な概念構

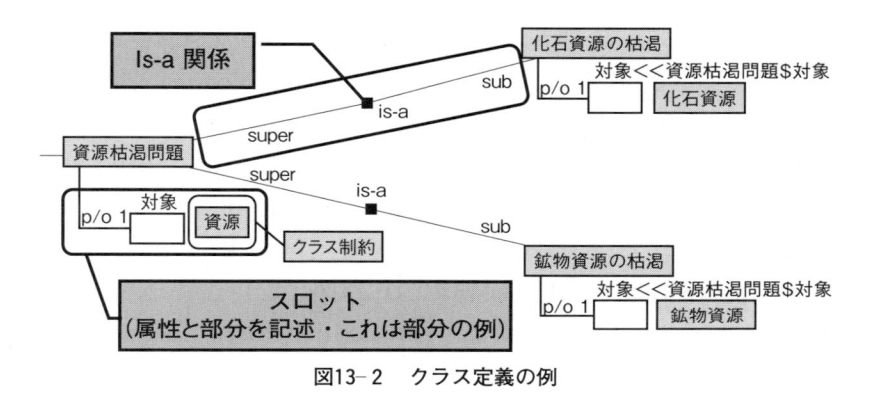

第13章　オントロジー工学によるサステイナビリティ知識の構造化

図13-2　クラス定義の例

造を把握することを目的とした，オントロジー工学の基礎理論に基づいたオントロジーの開発・利用環境である。

　オントロジーは対象世界を記述するのに必要とされる概念と関係から成り立っている。オントロジーの主な構成要素の一つは，対象世界に存在する物で，重要と判断される物を表現する分類階層であり，「is-a関係」として組織化される。is-a関係とは，概念間の一般—特殊関係を表す。すなわち，AとBの間に〈A is-a B〉という関係が成り立つとき，AはBを特殊化した概念，すなわち「AはBの一種である」ことを意味する（脚注2）。たとえば，図13-2では，「化石燃料の枯渇」is-a「資源枯渇問題」の関係にある。この関係において，「資源枯渇問題」を「上位概念」，「化石燃料の枯渇」を「下位概念」と呼ぶ。これらの概念は，「基本概念」と呼ばれる。基本概念とは，「定義にあたり他の概念を必要としない概念」のことであり，法造では，「クラス概念」とも呼ぶ。

　他の関係を導入することにより，概念の定義を詳細なものとすることができる。たとえば，part-of関係とattribute-of関係（図13-2中にはないが，p/oに対してa/oと略される）は，各々，ものが持つ「部分」や「性質（属性）」

　（脚注2）　たとえば，人間はほ乳類の一種であるから，〈人間 is-a ほ乳類〉の関係が成り立つ。人間はほ乳類を特殊化した概念である。

を表すのに用いられる（脚注3）。これらの関係を用いて各概念の詳細な定義を与えることで，is-a関係だけでは不明確な概念定義の違いを詳細に記述する。図13-2では，「資源枯渇問題」は対象により区別されることが，「化石燃料の枯渇」，「鉱物資源の枯渇」においてpart-of関係（図13-2中のp/o）により表現される。この例における「対象」というラベルは，「コンテキストに依存して決定される役割を表す概念」を表し「ロール」と呼ばれる。法造では，part-ofおよびattribute-of関係とロールを，図13-2中に示すような「スロット」として記述する。図13-2中には例がないが，たとえば，「石油の埋蔵量」は，「石油」とのattribute-of関係により表現される。

「基本概念（クラス概念）」は，「クラス制約」にも用いられる。クラス制約とは，ロールが参照するクラスに制約を与えることである。図13-2において，「化石資源の枯渇」にある「対象」ロールを担うことができる基本概念は，「化石資源」に限られるのである。オントロジー構築にあたっては，「ロールホルダー」の概念についても利用することになる。「ロールホルダー」とは，「ロールを担っている基本概念」のことである[9]（脚注4）。

二つの概念間にis-a関係があるとき，その下位概念は，上位概念の持つ性質（法造ではpart-of，attribute-ofなどの関係を示すスロット）を継承する（脚注5）。これを「性質の継承」と呼ぶ。このように，概念は，継承と特殊化によるオントロジー構築のプロセスを通して定義される。

では，オントロジーによる構造化の特徴とはどのようなものか。先行して

（脚注3）　部分─全体の関係はpart-of関係，属性はattribute-of関係により表現される。part-of関係は，たとえば，「自転車の車輪」（部分）と「自転車」（全体）に見られる関係を示す。attribute-of関係は，「重さ」，「色」のような物理的な属性，「名前」や「製造番号」のように外部から与えられるものなど，ものに強く付随する性質とものとの関係を示す。

（脚注4）　「教師」というロールを例にとれば，ロール概念とは人間が担うことができる「教師」という役割のことである。ロールホルダーは教師のロールを担っている人そのものを指す（参考文献6）。

（脚注5）　図13-2において「対象＜＜資源枯渇問題＄対象」とは，この「対象」スロットが「資源枯渇問題」概念における「対象」スロットを継承していることを示す。

第13章　オントロジー工学によるサステイナビリティ知識の構造化

表13-1　GSSDの14分野

1. Population
2. Urbanization
3. Migration and Dislocation
4. Comsumption
5. Unmet Basic Needs
6. Energy Use and Sources
7. Forest and Land Use
8. Water Sources and Uses
9. Agriculture
10. Trade and Finance
11. Industry and Manufacturing
12. Mobility and Transportation
13. Conflicts and Wars
14. Governance and Institutions

開発されたメタデータ・システムを対象に比較検討してみよう。

　対象は，マサチューセッツ工科大学が「持続可能な開発」を対象に開発したGSSD（The Global System for Sustainable Development）[10]である。GSSDでは，表13-1に示す14の対象世界に基づく分類を先験的に行うことを第一のステップとしている。次の段階で問題解決プロセスの次元にしたがった分類を行う。次元は，活動，問題，科学技術による解決，社会的行為による解決，国際対応の順に分類されている。GSSDの枠組みを構成する要素には，スライス（Slice），リング（Ring），セル（Cell）の三つがある。スライスとは，個々の対象世界の内容が構成要素となる層分類である。たとえば，「農業（Agriculture）」というスライスには，農業分野の情報が格納されている。リング（Ring）とは，問題解決の次元に相当するもので，イシュー，結果，反応についての特定の側面を示す層分類である。セル（Cell）とは，最小レベルの項目であり，特定のスライスとリングの交差点上にある要素，すなわち両者に属する要素を示す層分類である。たとえば，「農業」のスライス，「科学技術による解決」のリングの両方に属する情報は，「農業かつ科学技術による解決」のセルに格納されていると説明できる。GSSDは，これらのど

の切り口からもアクセスすることができる。

　GSSDでは，上記の14の分野と次元とが，互いに独立の関係にある。このことは，領域中立を必ずしも志向してはいないことを意味する。これに対して，サステイナビリティ・サイエンス・オントロジー（以下，サステイナビリティ・オントロジー）は，GSSDの次元に相当する領域中立な概念に基づく分類を優先し，次元に相当する概念を上位概念に置く。その上で，下位概念では，各々の対象世界にしたがった分類を行うことになる。具体的な分類については，13.4節で説明する。両者の間の第一の違いはこの点である。第二に，GSSDが多重継承（脚注6）を許した上でis-a関係のみを用いた階層設計であるのに対して，サステイナビリティ・オントロジーは，多重継承を基本的には用いずに部分概念と属性概念を付して厳密な概念定義を行っている[5]。これが，サステイナビリティ・オントロジーの特徴である。ただし，どちらの設計思想がサステイナビリティ・サイエンスに対して優位かは，効率性，柔軟性など，どの側面に注目するかにより変わると考えられる。この点については，今後分析的に明らかにしていく必要がある。

13.3.2　概念マップ生成ツール

　概念マップ生成ツール（以下，マップ・ツール）は，法造をベースにしたツールであり，法造同様，大阪大学溝口研究室にて開発中のツールである[11] [12]。このツールは，サステイナビリティ・オントロジーから概念を抽出し，使いやすい概念マップとして視覚化するものである（図13-3）。概念マップは，利用者によって指定された視点に基づいて描かれる。このツールにより，オントロジーと個別領域の専門家との隔たりを埋めることができ，レイヤー2で行う探索のための機能を果たすことができる。

　（脚注6）　多重継承とは，1つのクラスが複数の上位クラスを同時に継承することを指す。

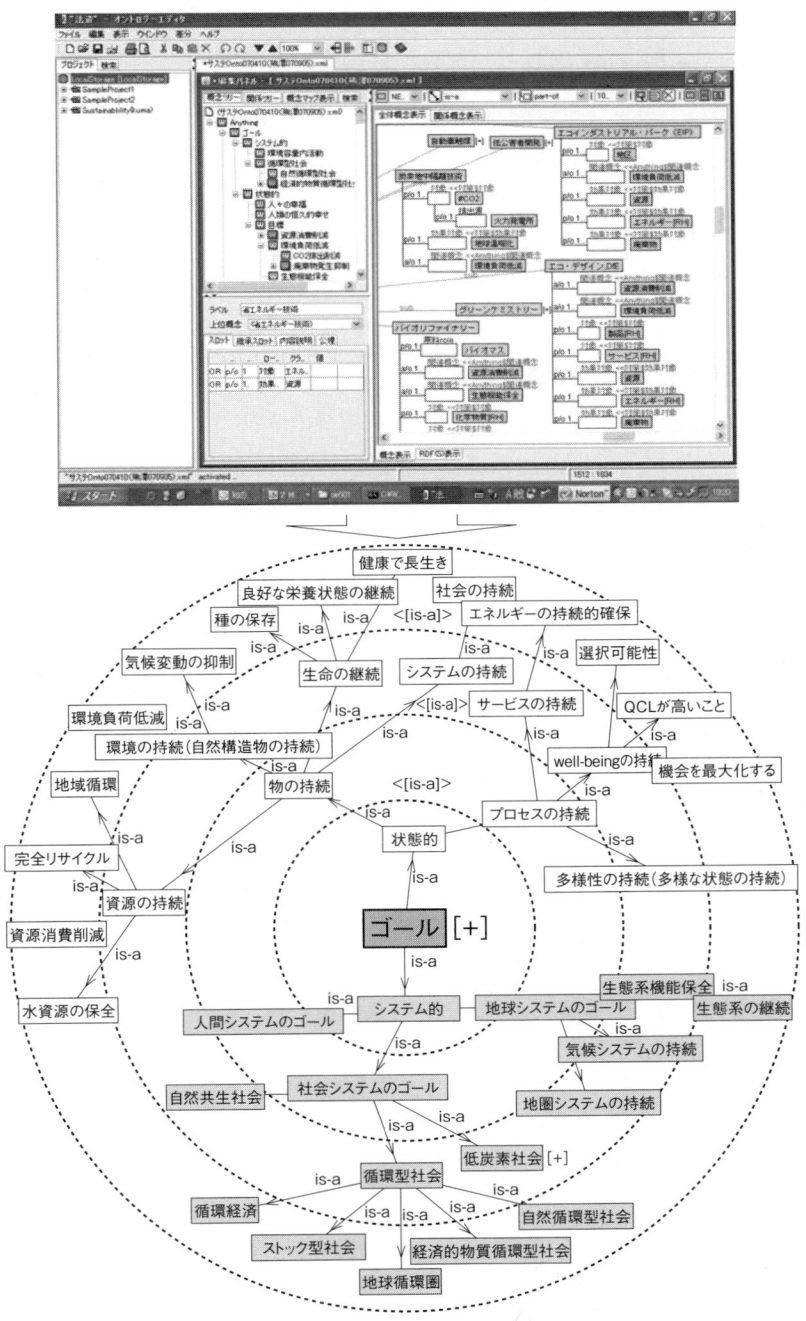

図13-3　オントロジーからの概念マップ生成例
上：オントロジー共通のプラットフォームとなる構造。下：概念マップ生成ツール。
視点・側面を特定した探索を可能にする。

13.4 サステイナビリティ・サイエンスのオントロジー構築

サステイナビリティ・サイエンスのオントロジーとはどのようなものか。本項では，その構造の一端を紹介する。

13.4.1 基本構造と構築プロセス

サステイナビリティ・サイエンスが問題解決型の学であるとの見方を受け，構築するオントロジーにおいても，「ゴール」，「問題」「対策」「評価」の流れを基本的な流れとして，オントロジーの基本構造とした。

一方で，問題解決の文脈にはないが，サステイナビリティに関連する対象世界に関する概念がある。たとえば，「水」「人間」「活動」といった概念である。このような概念は，「共通世界」という概念を最上位に置いた上で，この下位の概念として組織化する。

サステイナビリティ・オントロジーは高度に領域に中立な上位概念を，領域に中立の概念で可能な限り分類して，その下に，領域に依存した下位概念を置くことで構成する。

なお，オントロジーの概念は，関連する既存文献・資料から語彙を抽出するとともに，環境・サステイナビリティを専門とする若手研究者を対象にワークショップを行い，抽出した。概念間関係については，知識科学と環境・サステイナビリティの研究者の間で月ごとにワークショップを 2006 年から 36 回開催し，議論を重ねることで構造化した。このようなプロセスを通して，2010 年 9 月現在，4500 余りの概念，13 階層をもつオントロジーとなっている。

以下では，サステイナビリティ・オントロジーの構造がどのようなものかを，「問題」とその下位概念の構造化を例に説明する。

13.4.2 問題概念の定義

法造において，概念はスロットにより定義される。スロットは，part-of

関係，attribute-of 関係を記述するのに用いられる。まずは，結果を図 13-4 に示そう。どうしてこのような構造になったのだろうか。以下では，構造決定に至るまでのプロセスを述べる。やや論が詳細なものとなるが，このような議論を経てオントロジーが構築されている。感触を掴んでもらうための記述である。

　問題概念を 5W1H の問いを用いて説明することを通して定義する。原因が複数ある中で，サステイナビリティに関する問題の発生時期を特定することは，非常に困難である。そこで，本オントロジーでは，「問題」が起こっている時点のみに着目した。時間変化に関しては，問題発生の前後のみを対象とした。

　① 「問題 X はいつ起こっているか？」（When）
　② 「問題はどこで起こっているか？」（Where）
　③ 「誰が，問題 X を，誰に引き起こしているか？」（Who, Whom）
　④ 「問題 X は何を引き起こしているか？」（What）
　⑤ 「問題 X はどのように起こっているのか？」（How）
　⑥ 「問題 X はどうして起こっているのか？」（Why）

　まず⑥は，問題発生の前を対象とした問いである。今回は，⑥に対応して問題の「原因」をロールとする属性スロットを与えた。なお，「原因」ロールについては，この下の階層で，「内因」と「外因」に分類した。前者は，系の内部にある原因を，後者は系の外部にある原因を指す。⑤については，前の時点と現在時点との間の時間を対象としている。これは，「原因」を起点とした因果連鎖の詳細を指すが，「原因」となる物の存在や現象については，問題概念においてではなく，これらの物や現象の概念定義に際して記述されなければならない。それゆえ，問題概念の定義に際して⑤の記述は行わなかった。

　①については，問題が起こっている時点のみを対象としていることから，記述の必要がない。②については，問題の「発生場所」として属性スロットを与えた。③について，まず「誰が」は，問題の原因となった物を利用した主体，あるいは，問題の原因となる現象を引き起こした主体である。これら

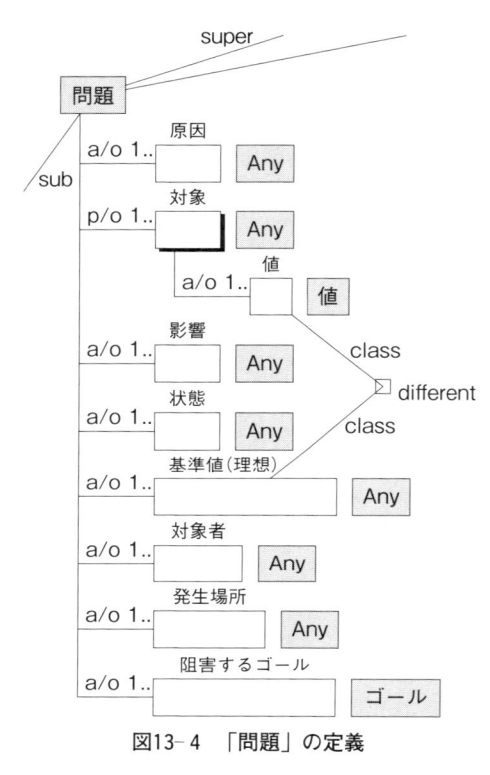

については，問題概念において
ではなく，これらの物の利用や
現象の概念定義に際して記述さ
れなければならない。それゆ
え，この記述は行わなかった。
次に「誰に」については，問題
Xにより影響を受ける「対象
者」をロールとして属性スロッ
トを与えた。

④は，問題Xがどのような
ものか，問題Xにより何が起
こるのかを同時に問いかけてい
る。前者は，Xがどのような状
態かを意味し，後者は，Xによ
り影響を受ける対象を指す。そ
こで，前者に対応して「状態」
をロールとする属性スロットと
して，後者に対応して「影響」

図13-4　「問題」の定義

をロールとする属性スロットとして置くこととした。

ただし，「原因」「影響」スロットについては，論理の飛躍を防ぐために，直接的な因果関係にある基本概念のみをクラス制約とした。

また，問題が「問題」であると認識されるのは，「対象」の状況が，ある理想としている状況と比較して異なるからである。そこで，「基準値（理想）」をロールとする属性スロットとして設け，「対象」スロットがもつ「値」スロットとの間にdifferentの関係を付けることにより，問題であることを明示した。

最後に，問題の発生が「阻害するゴール」を属性スロットとして与え，「ゴール」をクラス制約とすることにより，この問題が，持続可能社会の実現に向けたどのサブ目標と関連しているのかを，明示することした。以上の

スロットを用いて問題概念を定義した。

13.4.3 問題概念の分類階層

13.4.2で定義された問題をもとに，サステイナビリティ・サイエンスの問題は，オントロジー工学に基づいてどのように定義され，分類されていくのか。オントロジーを構築する過程でもたらされる効用とは何か，これらについて見ていくことにしよう。

分類に先立ち，まずは，「地球温暖化問題」と「地球環境問題」という二つの問題概念の違いについて考えてみよう。前者は，「地球を全体的に見たときに温暖化している」という特定の現象を問題として定位した概念である。これに対し後者は，「地球環境に関わるさまざまな問題」を包括した概念である。つまり，地球温暖化問題は，地球環境問題に含まれる。包含関係を含む分類は，オントロジー工学に基づく以前に常識的にみて混乱の原因となる。しかし，地球環境問題という概念は，サステイナビリティ・サイエンスにおいて中心となる問題概念の一つであることもまた事実である。

論理的な整合性を保ちながら実際の運用に応える構造を提示するために，本オントロジーでは，具体的な分類の前に，まず，一つの特定の事象を指している概念と，複数の問題を合わせて指す概念とで「問題」を区別した。前者を「プリミティブ（primitive）な問題」，後者を「複合問題」と呼び，後者は前者の概念を参照するものとした。複合問題がプリミティブな概念を参照する構造ゆえ，構造化の順番としては，プリミティブな概念の方が優先される。そこで，プリミティブな概念の下位概念を定義する過程を再現することを通して，オントロジー工学に基づいた階層分類を見ていくことにしよう。概念定義にあたっては，「問題」のスロットに用いているロール概念に着目しながら，分類軸を探索する。本オントロジーを構築する目的は，領域に依存しない構造化にある。ここでの領域とは，サステイナビリティに関連する既存の学問や，ある特定の立場や文脈に依存したサステイナビリティ関連事象に関する知識体系のことを指す。

まず，「原因」「対象」「影響」を分類軸とした場合，サステイナビリティ

第5部　サステイナビリティ知識の構造化とシーズマップ

- 問題〈内因・外因で分けた物〉
  - プリミティブな問題
    - 変化問題
      - 物〈資源・システム以外〉の劣化・破壊問題
        - 自然構造物の劣化・破壊問題
        - 生物〈生命〉の劣化・減少
      - 資源の・劣化・減少・枯渇問題
        - 化石資源の枯渇
        - 鉱物資源枯渇
        - 生物資源の劣化・減少
        - 土地資源の劣化・破壊
      - システムの劣化・破壊問題
        - 生態系破壊
        - 社会の劣化・破壊問題
      - 豊かさの劣化・喪失問題
        - 安心・安全の劣化・喪失問題
        - 多様性の劣化・喪失問題
        - 幸福の劣化・喪失問題
        - 景観問題
    - 不足問題
      - 物不足
        - 貧困
        - 製品不足
        - 食糧不足
      - 資源不足
        - 水不足
        - 人材不足
        - 砂不足
        - 土地不足
    - 偏在問題
      - 権利の偏在問題
      - 富の偏在問題
      - 機会の偏在問題
      - 資源の偏在問題
      - 安心・安全の偏在問題
      - 技術の偏在問題
    - 物自体があることの問題
      - 化学物質問題
        - 有害化学物質問題
      - 廃棄物の存在問題
        - ごみの存在問題
        - 有害廃棄物の存在問題
    - 人間行動の基礎問題
      - 規範問題
        - 倫理問題
  - 複合問題
    - サービスの劣化・喪失問題
      - 生態系サービスの劣化・喪失
    - 公害問題

図13-5　「問題」の下位概念における対象ごとの分類

問題に関連する物や現象の違いに応じて分類することになる。しかし，このような事物が，既存の複数の学問領域での研究対象となっているとき，結果的に，特定の学問領域と同様の分類になる場合が考えられる。このとき，オントロジーの構造に近い学問領域とそうではない学問領域が生じることになる。このことは，本オントロジー構築の目的に反するため，これらのロール概念は，上位概念での分類軸の対象ではなくなる。「発生場所」については，場所を特定できない問題事象もあることから，分類軸としては不適である。残る「対象者」「状態」について，前者は，主体に依存する。主体は特定の立場や文脈を背景に存立している。そのため，主体に基づいた分類を行った階層から下位の階層では，その主体が形成した領域に基づく分類が許されることになる。主体の価値判断からの中立を志向するならば，主体に基づく分類も可能な限り下位とした方が適切である。これらに比べ，「状態」は領域をもたない。

そこで，「状態」の違いを分類軸に分類を進めたところ，「変化」「不足」「偏在」「存在」の四つのクラス制約に分けることができた。ただし，「変化」は，「変化した結果の状態」を意味する。これらにしたがい，基本概念の名称をそれぞれ「変化問題」「不足問題」「偏在問題」「物自体があることの問題」とした。

これらは，人間・組織の行動を人間・組織の系の外部から影響を与えている。これに対し，人間・組織系の内部から影響を与える問題を「人間行動の基礎問題」として置くことにした。

この分類の後，これより下位の階層では，領域に基づく分類を行う。最初の階層の分類軸を「対象」として分類を進めたところ，図13-5のクラス概念に分けることができた。

「ゴール」「対策」「評価」「共通世界」についても同様の方法で構造化を行っている。構築された階層は，特定の領域に依存しないサステイナビリティ・サイエンスとしての組織化のあり方を提示するものとなる。このような構造をもつオントロジーを介せば，個々の領域にある知識同士の関係を明示できるとともに，各々の領域にある知識とサステイナビリティ・サイエン

スとの関係を明示することができる。

　最後に，この項の最初に挙げた「地球温暖化問題」と「地球環境問題」の例は，じつは，サステイナビリティ・オントロジー構築の過程で，改めて認識された問題点である。このように，オントロジー工学に基づく構造化の過程では，すでに普及している一見似たような概念がどのように違うのかを論拠に基づいて明示し，共有できる。この点が，共考支援の観点から見たときに，オントロジーを構築する行為が効果的と目される点である。

13.5　オントロジーの試験運用による共考支援の機能の例示

　構築したオントロジーが，共考支援の機能を備えているか，検討するにはどうすればよいか。13.2節で述べたように，サステイナビリティ・サイエンスの知識の構造化とは，知識の構造化のプロセスをたどる中で，共考して，知識の構造を更新していく仕掛けを持つことである。この仕掛けの一つとして，分野横断の状況を明示することに着目する。これができれば，双方の分野の専門家が，どのような経路をもって分野間が結びついているかを知識として共有し，問題解決に向け新たな知識構造を創出していくための思考を支援できると期待されるからである。

　以上を踏まえて，分野横断に着目したマップ・ツールの運用例を示す。特定の分野間の横断に着目して構造化することは，レイヤー2に相当する行為であり，マップ・ツールの使用により構造化され得るからである。次項では，大阪大学RISSが目標として掲げた「エコ産業技術による循環型社会のデザイン」に着目し，循環型社会の形成に関する技術—制度，農業—工業，静脈系産業—動脈系産業の横断を事例に分野横断機能の検討をする。

13.5.1　技術—制度間の横断例

　循環型社会形成のための技術として，製糖工場で分離されるバガス（搾汁過程で分離される絞りかす）の利用に着目し，その原料である「サトウキビ」を出発点に，「対策」概念を到達点とした探索を行ったところ，多数発生し

第13章　オントロジー工学によるサステイナビリティ知識の構造化

図13-6　技術─制度間の横断例

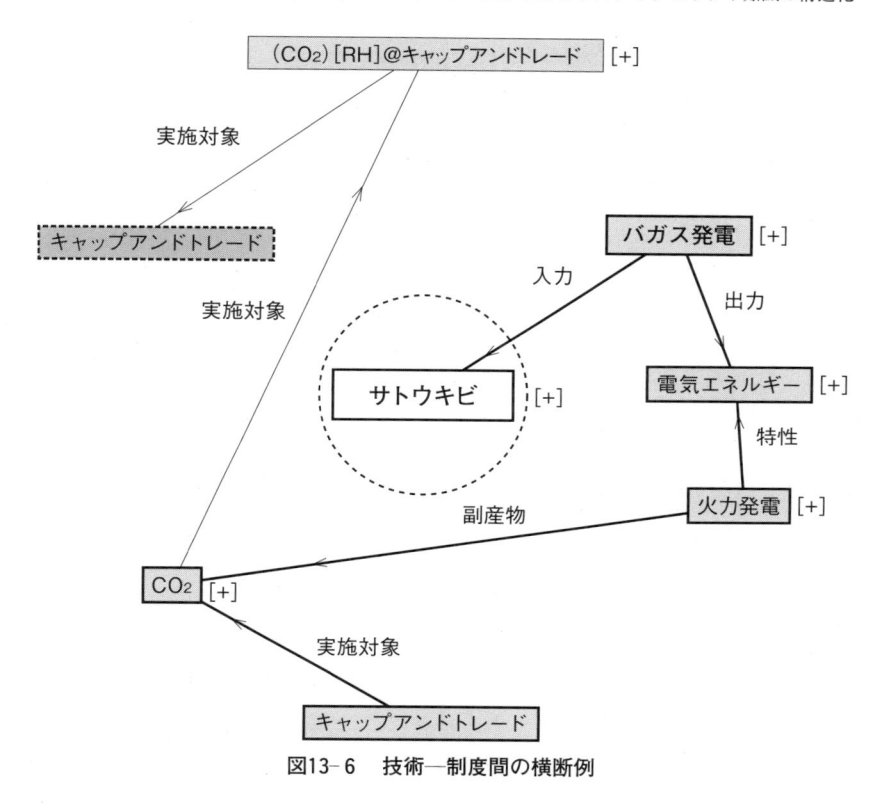

た連鎖の中から図13-6に示す「サトウキビ」─「バガス発電」─「電気エネルギー」─「火力発電」─「CO_2」─「キャップアンドトレード」の連鎖を得ることができた。これは，「バガス発電」という個別技術が「キャップアンドトレード」という低炭素化のための制度と結びついていることを示すものである。この連鎖は，制度と技術が連関していることを示した連鎖であり，これら二つの分野の横断を明示していると捉えてよいだろう。

　また，この連鎖は，循環型社会と低炭素社会という異なる目標下にある施策同士が関連していることを明示している。異なる目標を掲げる主体がそれぞれの連結点を共有し，新たな枠組みの提示に向け思考する機会を提供した例といえるだろう。

203

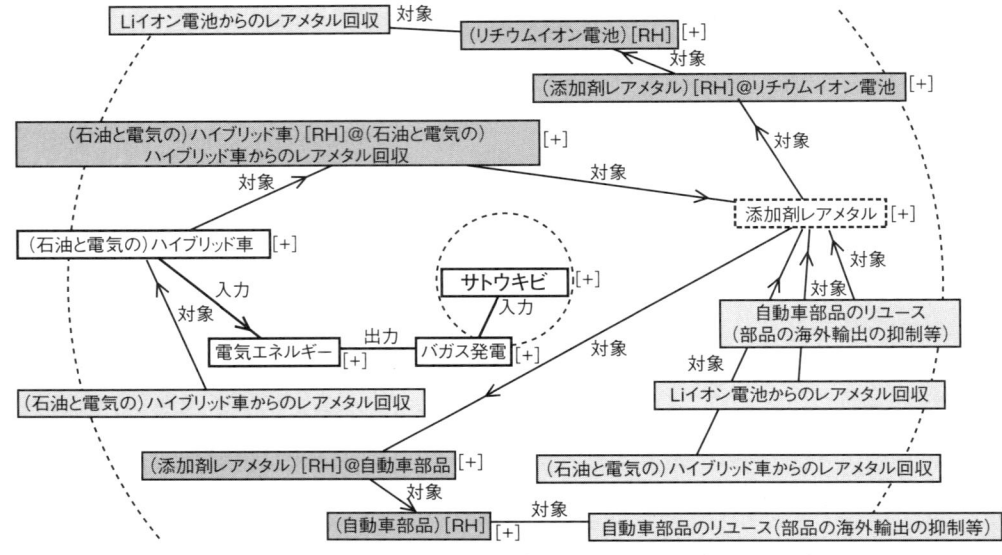

第5部　サステイナビリティ知識の構造化とシーズマップ

図13-7　農業―工業間の横断例（自動車関連の循環技術の場合）

13.5.2　農業―工業間の横断例―自動車関連の循環技術の例

前項と同様に「サトウキビ」を出発点に，「対策」概念を到達点とした探索を行ったところ，多数発生した連鎖の中から図13-7に示す「サトウキビ」―「バガス発電」―「電気エネルギー」―「（石油と電気の）ハイブリッド車」―「（石油と電気の）ハイブリッド車からのレアメタル回収」へ至る連鎖を得ることができた。また，「（石油と電気の）ハイブリッド車」から分岐して，「（石油と電気の）ハイブリッド車」―「（石油と電気の）ハイブリッド車）[RH]＠（石油と電気の）ハイブリッド車からのレアメタル回収」―「添加剤レアメタル」―「（添加剤レアメタル）[RH]＠リチウムイオン電池」―「（リチウムイオン電池）[RH]」―「Liイオン電池からのレアメタル回収」の連鎖を得ることができた。[RH]とは，ロールホルダーを意味し，[RH]が付してあるクラス概念は，ロールホルダーに相当する概念であることを意味する。さらに，「添加剤レアメタル」から分岐して「添加剤レアメタル」―「（添加剤レアメタル）[RH]＠自動車部品」―「（自動車部品）

204

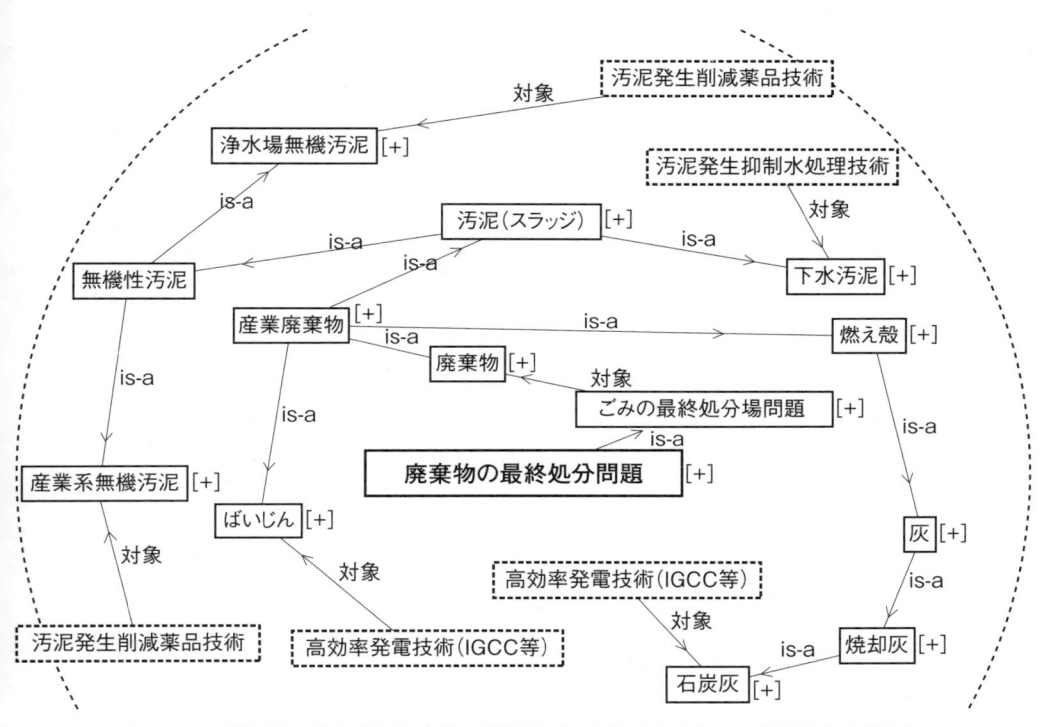

第 13 章　オントロジー工学によるサステイナビリティ知識の構造化

図13-8　静脈系産業と動脈系産業の横断例（廃棄物を中心とした循環技術の場合）

［RH］」―「自動車部品のリユース（部品の海外輸出の抑制等）」の連鎖を得ることができた。

　これらの連鎖は，バガス発電により，化石燃料の消費を抑制し，カーボンニュートラル化に貢献する一方で，石油と電気のハイブリッド車が増えることにより，これを生産するためのレアメタルの消費量が増えるかどうかが新たに論点となり得ることを示している。生成されたマップでは，この解決策としての回収技術，部品のリユースに至るまでのパスを示している。

　このマップからは，個別の技術開発から，単一の資源消費を抑制することはできるが，他の資源消費を誘発する可能性があることを読み取ることができる。分野横断の状況としては，サトウキビ，バガス発電といった農業系の資源・技術とレアメタル，ハイブリッド車といった工業系の資源・技術との

間の横断が明示されている。循環型社会の形成にあたっては，複数の資源を管理し，農業・工業双方の技術開発を一つの枠組みの中で捉えることが重要である。この際，どのような経路をもって分野横断を実践していけばよいかのヒントになるものが，この連鎖といえるだろう。

13.5.3　静脈系産業と動脈系産業の横断例―廃棄物を中心とした循環技術の例

「廃棄物の最終処分問題」を視点に，「発生抑制技術」までの探索を行ったところ，図 13-8 に示すマップが生成された。この中にある新たな枠組みを再現した例を示す。「高効率発電技術（IGCC 等）」（脚注 7）へ至る連鎖である。これには二種類の連鎖がある。一つは，「廃棄物の最終処分問題」―「ごみの最終処分場問題」―「廃棄物」―「産業廃棄物」―「ばいじん」―「高効率発電技術（IGCC 等）」，もう一つは，「廃棄物の最終処分問題」―「廃棄物」―「産業廃棄物」―「燃え殻」―「灰」―「焼却灰」―「石炭灰」―「高効率発電技術（IGCC 等）」である。これらの連鎖は，IGCC 技術の導入が，石炭火力における発電効率の向上と石炭灰における最終処分の容積減少（クリーンコールパワー研究所 HP）という，二つの課題に対処していることを示している。電力産業は基本的に動脈系産業であるが，静脈系産業との分野横断の結果，電力産業が，静脈の物質フローをあらかじめ想定した産業となり得ることを，このマップは示唆している。

オントロジー，マップ・ツールともに試験運用段階で見込み部分を含みながらも，この三例において，サステイナビリティ・オントロジーから，分野横断の連鎖がマップ上に生成された。分野横断機能があることを明示できたことで，構築したオントロジーが，共考支援の機能を備えていることを例示することができた。

（脚注 7）　IGCC：Integrated coal Gasification Combined Cycle（石炭ガス化複合発電）[13]

第13章　オントロジー工学によるサステイナビリティ知識の構造化

13.6　終わりに

　本章では，サステイナビリティ・サイエンスのオントロジーを基盤とした知識システムを構築し運用することを通して，オントロジー工学がサステイナビリティ・サイエンスという学における知識の構造化に寄与することを論じ，試験運用段階ながらも構造化に必要な共考のプロセスに貢献し得ることを示した。

　今後は，オントロジー，マップ・ツールの拡充を図るとともに，レイヤー3，レイヤー4の要件を満たすツールを構想していくことになる。一方で，レイヤー0のデータ層と連結させて，工学技術として運用することを目指していくが，オントロジーを基盤とした知識システムはすでにいくつか開発されつつある[14)-17)]。本オントロジーは，サステイナビリティ・サイエンスという学を正面から取り上げた点，オントロジー工学の理論に可能な限り忠実にしたがった点に特徴がある。後者の特徴を重視するほど実装に困難を伴うことが予想される。これをどこまで克服できるかが，今後の課題となる。

　また，不確実性を扱うサステイナビリティ・サイエンスにおいて，将来シナリオの設計技術は，主要技術といえよう。オントロジーは，将来シナリオの計算機上への記述，評価に利用することができる。サステイナビリティ・サイエンスの知識基盤の構築にあたっては，将来シナリオとの連携が目標となる[18)-20)]。

　知識の構造化の方法論には，オントロジー工学のほかにも，テキストマイニングによる方法，ネットワーク分析による方法，さらには，KJ法をはじめとする人間科学的なアプローチによる方法と，さまざまな手法がある。これらは，語彙に代表される要素を積み上げてグループに意味を与えていく，ボトムアップ形式のアプローチである。これに対して，オントロジー工学のアプローチは，世界を演繹的に記述するトップダウン形式のアプローチである。トップダウンであることと領域中立であることは不可分である。オントロジー工学がサステイナビリティ・サイエンスの知識の構造化の方法論とし

て，他の手法より親和的であることが，この点から説明できる。

　知識の構造化にあたり，人間—人間のみならず，人間—計算機間で知識を共有することができれば，情報交流，意向集約，合意形成といった意思決定の過程に計算機を積極的に介在させることができる。オントロジーは，そのための計算機内の概念装置である。しかし，内部の装置だけでは，異分野の専門家の協働，専門家間のコミュニケーションのツールとして円滑に機能するとは言えないだろう。サステイナビリティ・オントロジーの充実のみではなく，専門家の利用に適したインターフェースや利用のプロトコルを確立すること，これが今後の課題である。

参考文献

1) Kates, R. W. *et al*. (2000) Sustaianbility Science, Discussion Paper 2000-33, Kennedy School of Government, Harvard University, pp.1-13.
2) Klein, J. T. (2004) *Interdisciplinarity and Complexity:An Evolving Relationship*, E-CO Special Double Issue, **6**(1-2), 2-10.
3) Palmer, M., Owens, M. and Sparks, L. (2007) Interdisciplinary (retail) research: the business of geography and the geography of business. *Environ Plann A,* **38**(10), 1775-1783.
4) Glavic, P. and Lukman, R. (2007) Review of Sustainability Terms and their Definitions, *Journal of Cleaner Production*, **15**(18), 1875-1885.
5) Kumazawa, T., Saito, O., Kozaki, K., Matsui, T. and Mizoguchi, R. (2009) Toward Knowledge Structuring of Sustainability Science Based on Ontology Engineering, *Sustainability Science*, **4**(1), 99-116.
6) 溝口理一郎 (2005)『オントロジー工学』，オーム社，p.9.
7) Clark, W. C. (2007) *Sustainability Science: a room of its own*, Proceedings of National Academy of Sciences, **104**(6), 1737-1738.
8) Gruber, T. R. (1993) A Translation Approach to Portable Ontology Specifications, *Knowledge Acquisition*, **5**(2), 199-220.
9) Mizoguchi, R. (2004) *Tutorial on ontological engineering - Part 2: Ontology development, tools and languages, New Generation Computing*, OhmSha & Springer, **22**(1), 61-96.

10) Choucri, N.（2003）Mapping Sustainability, Global System for Sustainable Development, http://gssd.mit.edu/GSSD/gssden.nsf
11) 廣田健，古崎晃司，溝口理一郎（2008）「オントロジー俯瞰のための概念マップ生成ツールの開発」，人工知能学会第 22 回全国大会（JSAI2008），pp.1-2.
12) 廣田健，古崎晃司，齊藤修，溝口理一郎（2009）「ドメイン知識俯瞰のためのオントロジー探索ツールの開発」，人工知能学会第 23 回全国大会（JSAI2009），pp.1-2.
13) クリーンコールパワー研究所 HP　http://www.ccpower.co.jp/（2010/09/29）
14) Kraines, S., Guo, W., Kemper, B. and Nakamura, Y.（2006）*EKOSS: a knowledge-user centered approach to knowledge sharing, discovery, and integration on the semantic web*. In Proceedings of the 5th International Semantic Web Conference（ISWC 2006），Athens, Georgia, 5-9 November 2006, LNCS 4273.
15) 環境情報科学センター会員専用サイト　http://www.ceis.or.jp/membersite/onto_howto.cgi（2010/12/07）
16) Athanasiadis, I.N., Rizzoli, A-E., Janssen, S., Andersen, E. and Villa, F.（2009）*Ontology for Seamless Integration of Agricultural Data and Models, Metadata and Semantic Research*, Third International Conference, MTSR 2009, Milan, Italy, October 1-2, 2009. Proceedings, pp.282-293
17) Renear, A. H. and Palmer, C. L.（2009）Startegic Reading, Ontologies, and the Future of Scientific Publishing, *Science*, **325**, 828-832.
18) Ewert, F., *et al*.（2009）A Methodology for Enhanced Flexibility of Integrated Assessment in Agriculture, *Environmental Science & policy*, **12**, 546-561.
19) Hinkel, J. and Klein, R. J. T.（2009）Integrating Knowledge to Assess Coastal Vulnerability to Sea-level Rise: The Development of the DIVA Tool, *Global Environmental Change*, **19**, 384-395.
20) Umeda, Y. and Kumazawa, T.（2009）*Toward Establishment of Scientific Foundation of Sustainability Scenarios*, RISS/IR3S/SDC International Conference on Sustainability Transition ― International Research Initiatives towards Resource-circulating Societies, pp.50-54, July 2009, Osaka.

第14章
持続可能社会を導くサステイナビリティ・シーズマップ

下田　吉之
原　圭史郎
中村　信夫

14.1 「アジア循環型社会の形成」研究領域の俯瞰マッピング

　大阪大学サステイナビリティ・サイエンス研究機構（RISS）では，2006年度から2009年度にかけて「エコ産業技術による循環型社会のデザイン提言」をテーマに設定し，学際・融合型研究を推進してきた。また，並行して，IR3S（サステイナビリティ学連携研究機構）のフラッグシッププロジェクトの一つとして，国内のIR3S参加大学および海外の大学研究機関の協力の下で「アジアの循環型社会の形成」共同研究プロジェクトを進めてきた。
　日本では2000年に「循環型社会形成推進基本法」が制定されており，これまで循環型社会の構築に資する研究やさまざまな取り組みが行われてきた。一方で，持続可能社会の構築という大きな枠組みの中において循環型社会を改めて位置付けしなおし，目指すべき未来社会のビジョンの下で，必要となる制度，社会基盤の整備，諸々の関連技術等を適切に組み合わせていくことが求められている。また，アジア地域に目を向ければ，人口増加，急激な都市化や産業化に伴って経済成長が進んでおり，その結果，環境汚染や資源枯渇などといった問題が懸念されていることから，循環型社会の構築が喫緊の課題となっている。とくに，アジア地域の経済や人口規模を考えると，この地域において持続可能な循環型社会を追求していくことこそが，地球規模のサステイナビリティを希求していく上でもきわめて重要であることは明

白である。このような背景から，フラッグシッププロジェクトにおいては，1）アジアの循環型社会形成のための研究グランドデザイン設計，2）循環型社会への移行の度合いを多面的かつ効果的に測りとるための評価システムの開発，を中心的課題として研究を行った。

　社会の在り方を大きく転換し，持続可能な循環型社会を追求していく上では，現在の延長線上に将来のビジョンを構想するのではなく，むしろ未来社会のあるべき姿・ビジョンを設定した上で，大胆に要素技術，社会システムの組み合わせや再統合を図っていく必要がある。先に言及した1）「研究グランドデザイン設計」では，まず，循環型社会の構築にかかわる研究領域（問題構造の理解，対策等）や関連する概念について俯瞰的な把握（マッピング）を行った（図14-1，14-2）。このマッピング作成は，いわゆるビジョン側からみた，循環型社会研究領域の俯瞰的把握プロセスともいえる。このように，まず研究領域の俯瞰を行った上で，具体的な地域ケーススタディを通じて，循環型社会の構築に向けた中長期将来シナリオの作成，社会の転換に必要となる技術群や制度設計等の施策オプション提示を試みてきた。また，2）では，ビジョンあるいはシナリオに描かれた持続可能な社会・循環型社会への移行を多面的に評価するための指標システムの開発を進めた。1）の中で実施した循環型社会研究領域の俯瞰マッピングについてさらに詳しく見てみよう。

　図14-1は，循環型社会研究に関連するさまざまな概念あるいは研究領域をマッピングしたものである。具体的には

　　①環境負荷や資源枯渇問題などを引き起こす原因となる，社会経済システムを検証する領域
　　②現行の社会経済システムの結果として起こりうる環境負荷や資源枯渇問題など，環境影響や環境問題に関連する領域
　　③これら引き起こされた環境影響や諸問題に対処するための政策対応を示す領域
　　④具体的な対策を示す領域（対策領域については，都市システム，産業システム，生物生産・生態系システムの3つのシステムに分けて記述して

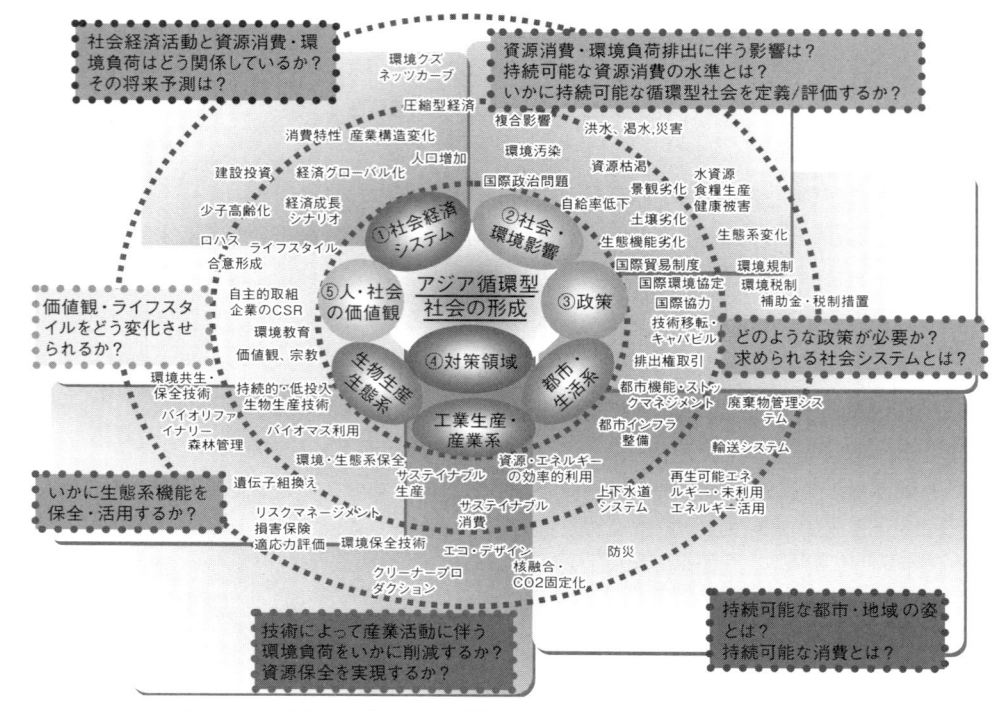

第5部　サステイナビリティ知識の構造化とシーズマップ

図14-1　ビジョン側からみた循環型社会形成研究の俯瞰的マッピング

ある）

⑤人間のライフスタイルや価値観など，人間システムに関連する領域と大きく5つの領域に分けて，それぞれの領域の中に，関連する概念や用語を整理している。もちろん，この図の中に記述されている概念や用語については，これですべてを尽くしているわけではない。また，概念や用語のマップの中での相対的な位置づけも筆者らによる主観的なものである。このような作業を通して「循環型社会の構築」問題を考える際にはさまざまな研究領域が存在し，またこれらの領域同士が関連し合っている，ということが理解できる。

図14-2については，図14-1で言うところの「④対策領域」について，

第 14 章　持続可能社会を導くサステイナビリティ・シーズマップ

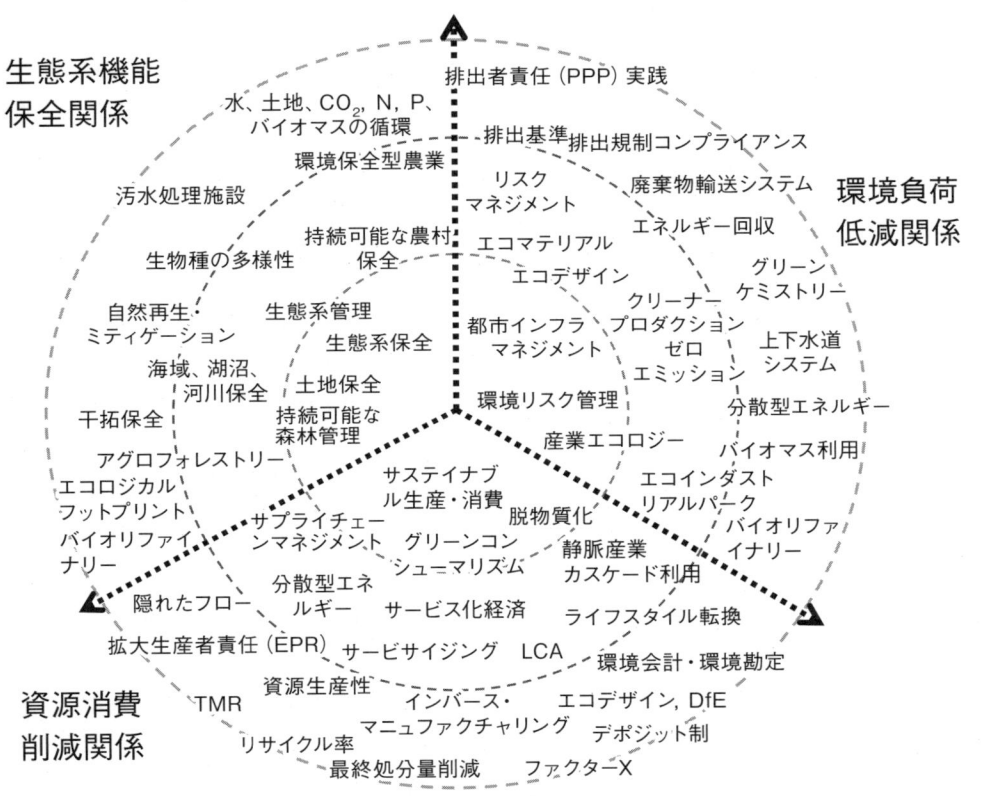

図14-2　循環型社会形成に向けた対策領域（対策概念，アプローチ，技術等）のマッピング

より具体的に対策にかかわる概念あるいは技術システム，制度，評価方法等について整理を行い，マッピングを行ったものである。循環型社会形成の目的を示す領域として 1) 環境負荷低減，2) 資源消費削減，3) 生態系機能保全という，3 つの領域を設定し，これらの領域に関連する用語をちりばめている。中心に近いほうには，循環型社会形成を追求していくために必要となる高次の対策概念やアプローチが位置づけられ，円の外側に向かうほど，より具体的あるいは個別の対策方法（評価方法も含む）に関連した用語が位置付けられている（なお，この図についても，用語の相対的な位置付けについて

は，筆者らの主観に基づいていることに注意されたい。）

　図14-1，14-2から，循環型社会の研究領域はきわめて多岐にわたっており，それゆえに，これらの領域や領域間の相互依存関係，あるいは因果関係を総合的に理解した上で循環型社会形成のためのビジョン・シナリオの設計，社会システムの転換に必要となる方策・対策群を適切に導きだしていく必要があることが理解できるであろう。ここでは，「循環型社会構築」に関する研究のケースを取り上げて俯瞰マップを例示したが，たとえば低炭素社会，持続可能社会の形成，などという他の課題を扱う場合においても，同様に複雑な問題群の因果関係や，研究領域の俯瞰的な把握が重要となる。

　以上の図については，ビジョン側からみた研究領域の理解であった。次の14.2節では，循環型社会や低炭素社会の構築などの，ビジョン達成に寄与する具体的な研究領域・研究シーズとしては実際どのようなものが存在するのか，大阪大学の事例を取り上げて研究シーズの俯瞰を行う。

14.2　大阪大学サステイナビリティ研究シーズマップの作成

14.2.1　大阪大学における環境・サステイナビリティに関する研究シーズの俯瞰的把握

　大阪大学は1931年創立の国立大学で，平成22年現在11学部16研究科，5付置研究所等を有する，教員約3,000人，職員約2,600人（いずれも常勤），在学生約24,000人（学部・大学院合計）を有する我が国でも有数の大規模国立大学である。

　大阪大学の特徴は学生や教員の規模で見た場合，自然科学系，特に工学系の部局が大きいことにある。工学系の学部として工学部と基礎工学部の2学部を有しており，入学定員の合計1,255名（平成22年度）は国立大学中最多である。両学部と関係する大学院研究科，産業科学研究所や接合科学研究所，その他多数のセンターを含めて工学分野の先端的かつ多様な研究・教育が行われており，これまでに生み出された工学技術は多数にのぼる。環境関連分野においても，たとえば太陽エネルギー利用分野では，アモルファスシ

リコン太陽電池におけるSiC窓層ヘテロ接合構造，色素増感型太陽電池，シリコンの化学スライシング，ポリマー型太陽電池等世界で初めての業績を多数輩出している他，熱電変換素子，レーザー核融合，エネルギーシステム研究，クリーンコールテクノロジー，環境バイオテクノロジー等で大きな業績を挙げてきた。また，その他の自然科学分野・人文社会科学分野においても，環境やサステイナビリティに関する多彩な研究が行われている。

しかしながら，このような研究実績や現在大学内で研究されているシーズ（製品などイノベーションの基となる科学技術の要素）について，大学として体系的に整理することはこれまで行われてこなかった。そのため，サステイナビリティ学の一つの重要な側面である「知の構造化」をおこなう契機が，教員個人レベルの活動に委ねているという問題があった。今回サステイナビリティ・サイエンス研究機構の事業の一環として，研究シーズの把握と今後の研究連携の可能性を提供するために，現在大阪大学において行われている環境・サステイナビリティ学関連の研究者およびその研究テーマを収集・整理し，サステイナビリティ研究シーズマップの作成を試みた。

14.2.2 サステイナビリティ研究シーズマップの作成手順

図14-1，図14-2に示されているように，環境やサステイナビリティに関連する研究領域は多種多様である。そのため，ある限られた特定のキーワード検索のみでは，関連する研究を漏れなく，かつ的確に抽出することは出来ない。そこで，図14-3に示す手順で，環境やサステイナビリティに関連する研究シーズを漏れなく抽出し，サステイナビリティ研究シーズマップの作成を行った。

研究シーズを漏れなく拾い上げるため，まず大阪大学の組織マップの作成を行った。その上で，工学部，基礎工学部，理学部，薬学部，人間科学部，経済学部，法学部，文学部及びその関連組織を，網羅的調査が必要な組織として抽出を行った。次に，網羅的調査が必要な組織として抽出した学部，関連組織の全ての研究室について，各研究室のホームページ等を基に，研究内容一覧を作成し，研究内容が少しでも環境やサステイナビリティに関連する

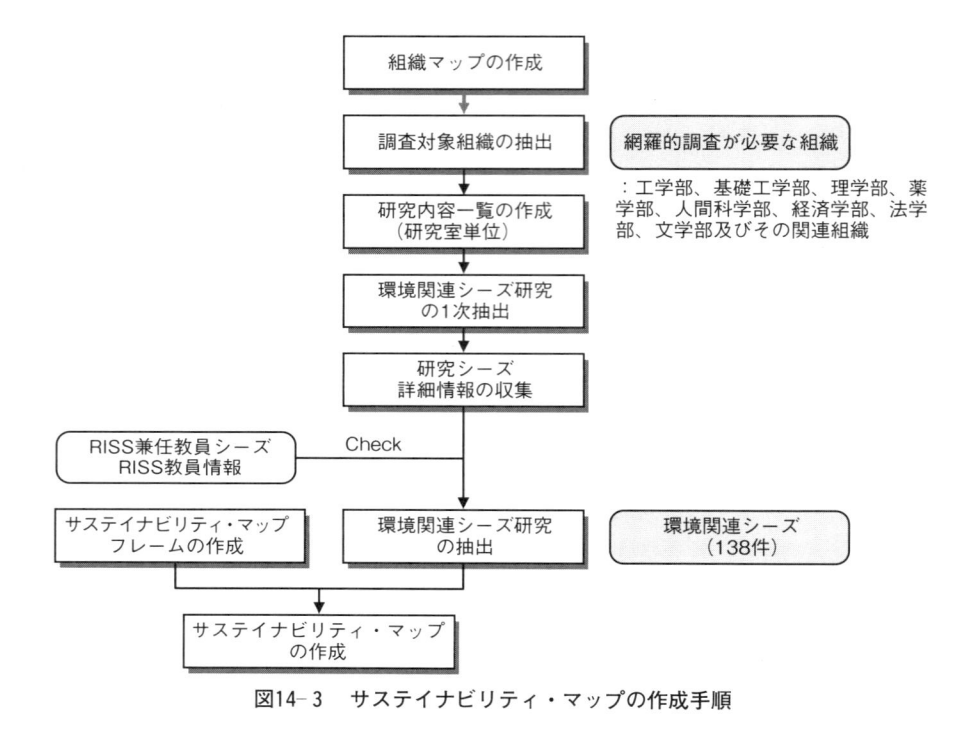

第5部　サステイナビリティ知識の構造化とシーズマップ

```
                組織マップの作成
                      ↓
                調査対象組織の抽出      網羅的調査が必要な組織
                      ↓                ：工学部、基礎工学部、理学部、薬
                研究内容一覧の作成       学部、人間科学部、経済学部、法学
                  （研究室単位）        部、文学部及びその関連組織
                      ↓
                環境関連シーズ研究
                    の1次抽出
                      ↓
                   研究シーズ
                 詳細情報の収集
  RISS兼任教員シーズ     Check
    RISS教員情報    ─────→ ↓
  サステイナビリティ・マップ  環境関連シーズ研究       環境関連シーズ
     フレームの作成   →      の抽出              （138件）
                      ↓
              サステイナビリティ・マップ
                    の作成
```

図14-3　サステイナビリティ・マップの作成手順

可能性があるものを「環境関連シーズ研究」として，一次抽出を行なった。この際，研究内容の記述において，我々の主観的な解釈が入らないように，ホームページで掲載されている文言・用語を出来る限りそのまま活用することにした。また，一部，文科系学部／研究科については，研究室制で運営されていないため，教授，准教授毎に研究内容の一覧を作成した。さらに，この一次抽出された研究シーズについて，研究室ホームページ等より，個別の研究テーマ概要，発表論文一覧などを収集し，それらを踏まえ，研究内容の記述の修正を行うと共に，修正を行った研究内容より，環境関連シーズ研究として抽出を行った。当然ながら，RISS関係教員の研究内容についても確認を行っている。最後に，これら抽出された環境関連シーズ研究について，サステイナビリティ・シーズマップに落としこんだ。

第14章 持続可能社会を導くサステイナビリティ・シーズマップ

　以上のプロセスで作成を行ったサステイナビリティ・シーズマップを本章末（p.228）に掲載する。またここで取り上げた各研究者の研究概要一覧についても，シーズマップに続いて，表14-1に掲載しているので参考にされたい。このシーズマップについては，図14-1，図14-2のマッピングも参考にしつつ，「横軸」「縦軸」にそれぞれ領域を設定し，縦軸と横軸との関係で，収集された研究シーズを相対的に位置付けて整理している。なお，マップの中の番号は表14-1の連番を表す。まず，「横軸」には環境・サステイナビリティに関わる具体的な問題の領域を設定した。具体的には，A）土壌・水・生態系，B）地球温暖化・エネルギー，C）資源・マテリアル，D）社会経済・人間システム（格差，安全安心，南北問題など）と4領域を設定している。また，「縦軸」には，研究アプローチ・手法に関連する領域を5つ設定している。具体的には1）要素技術の開発（素材・プロセス開発），2）現象解析・シミュレーション・モデル開発・評価システム，3）システム分析・マネジメント・管理手法，4）社会システムに対する理解・評価・分析，5）制度設計・政策提案，である。

　もちろん，図14-3のプロセスで得られた情報だけでは，大阪大学の環境・サステイナビリティ研究に関するシーズをすべて網羅できているわけではない。また，研究シーズの領域をすべて，縦軸・横軸の関係できれいに区分けして相対化・マッピングできるものでもないため，本シーズマップ内の各研究シーズの相対的な位置付けについても，あくまで参考として理解してほしい（脚注1）。

　このシーズマップからは，今回抽出された大阪大学における環境関連シーズ研究は，要素技術といった具体的かつミクロな分野から，制度・政策提案というマクロな分野までさまざまなアプローチがあるとともに，その対象としている問題も多様であり，サステイナビリティ学における領域の多様性が

　（脚注1）　このシーズマップを第一バージョンとして，今後継続的に研究シーズの充実化と，各シーズの相対的な位置付け（マッピング）について整理を進めていく予定である。

伺われる。さらに，個別の研究シーズを見てみると，技術と社会システム・制度を対象とした「持続可能な都市エネルギーシステムに関する研究」や「都市環境デザインに関する研究」など文理融合型の研究テーマも存在することがわかる。なお，本シーズマップについては，今後内容を更新しつつ，大阪大学環境イノベーションデザインセンターのHP上においても公開していく予定である。

14.3 サステイナビリティ研究のシステム化

14.3.1 「知の構造化」の手段としてのサステイナビリティ・サイエンス

本項では，サステイナビリティ学の特殊性・学際性を基に，本章で示したシーズマップと，それを利用したサステイナビリティ研究展開の意義について述べていきたい。

平成22年度までの我が国の科学技術分野の方向性を示した第3期科学技術基本計画においては，重点推進分野として「ライフサイエンス」，「情報通信」，「環境」，「ナノテクノロジー・材料」の四分野を挙げている。また推進四分野の中には「エネルギー」も含まれている。「ライフサイエンス」，「情報通信」，「ナノテクノロジー・材料」がそれぞれ基礎研究分野を背景にした問題解決のための「手段」を表すのに対し，「環境」や「エネルギー」は「目的」そのものを指す言葉であり，両者は連携関係にある。すなわち，ライフサイエンス，情報通信，材料技術をはじめとする各分野での科学技術の発展により生まれてきた技術シーズを，環境やエネルギー問題の解決のために応用していくことが「環境」や「エネルギー」分野の進展を産み出すことにつながる。1970年前後の，環境問題が大気汚染や水質汚濁等の公害問題を主体としていた時代には，関連する基礎科学技術分野は物質の拡散現象を扱う流体工学・有害物質の浄化を担う化学工学・生物工学などが主体であった。しかし，地球温暖化問題など地球規模の環境問題が大きな注目を浴び，それに伴ってエネルギー問題との関係が強くなり，「End-of-pipe」（エンドオブパイプ）という言葉に代表される，処理技術中心の環境技術から産業プロ

セス全体を環境調和型に造りかえる産業エコロジーへの転換が要請される中，環境問題の解決のために必要とされる学術分野はきわめて多岐に広がっている。南北問題や人間の安全保障なども包含する「サステイナビリティ・サイエンス」においてはさらに広汎な学術領域の参加が必要とされ，現在存在するほぼすべての学術分野が何らかの形でサステイナビリティ・サイエンスとつながると言っても過言ではない。

このことは，単に学術成果だけでなく，研究者自体の流動性をも意味する。現在，我が国のサステイナビリティ関連分野を牽引している著名な研究者の経歴を見ると，「環境」や「衛生」の名前を冠する学科や専攻の教育を受けたケースは意外に少ない。人文・社会科学系・自然科学系を問わず幅広い学術分野の出身者によって，現在のサステイナビリティ学が構成されている。それぞれの学術分野で産み出された先端的な知識や思考方法を，世界のサステイナビリティを確保する上で問題となる領域に応用していくことで，問題の解決が見いだされることを意味していると言えよう。前節で示したように大阪大学においても環境・サステイナビリティに関する多数の研究業績が輩出されているが，これらの多くが環境を主たる専門としない研究者による成果である。

現在，大学をはじめとした学術の世界では，「知の構造化」，「知の統合[1]」ということが求められている。これは，従来の学術分野の発展の方向が，ある分野を細分化・深化することを目指していたため，逆に問題の全体像を明らかにすることや，分野をまたがる連携を取ることが難しくなり，現代社会の抱える複雑な問題に対して解決の方策を導くことができなくなっていることを背景に，今一度学術分野間の再統合を図ろうという動きである。先にも述べたように，サステイナビリティ・サイエンスはその背景となる世界の持続可能性に対する障害の広汎さから，知の構造化や統合を試行する分野として適切であることには論を待たない。

14.3.2 サステイナビリティ・サイエンス研究の様式論

サステイナビリティ・サイエンスにおける知の構造化や統合，学術分野の

融合の意義やその望ましいモデルを述べる上で，まず，近年の産学連携研究のスタイルについての議論を参照してみたい。

産学連携研究は，大学などで行われる基礎研究成果が製品などの形で社会に出され，その効用や経済効果等を通じて社会の役に立つための重要なステップと考えられているが，そのモデルは，長らくヴァヌヴァー・ブッシュによる「リニア・モデル[2]」であると考えられてきた。リニア・モデルとは，図14-3に示すように企業や社会から少し離れたところで基礎研究を自由に行うことで，産み出される成果を企業が製品化するという，役割が明確に分かれた分業体制（企業から研究サイドへは研究資金，逆には研究成果のみのやりとり）を意味する。これは，1920～1930年代にアメリカの大企業のいくつかが優れた科学者を自社に雇い入れ，自由な研究テーマ設定の下で産み出される基礎研究成果を産業化することに成功したことで確立した。代表的な例として，ハーバード大学からデュポン社に移籍したカロザースがポリアミドを発明し，ナイロンとして大ヒット商品となった事例がある。一方でこのような企業の基礎研究所はAT&Tが設立したベル研究所のように，ノーベル賞の受賞など基礎科学の分野でも大きな業績を挙げている。リニア・モデルは科学と技術を分離し，科学を優位なものとする考えを根底とした科学から技術への一方通行であり，技術開発の際に生じるアイデアが科学の新しい方向付けに寄与するようなことはそもそも期待していない。そして，社会からの問題の投げかけを受けない科学の側では継続的に学問分野の細分化が起こっていく。すなわち，リニア・モデルの考え方が大学のような基礎研究の場に広く浸透することで，先に述べたような知の細分化を進めてきたとも言える。

しかしながら，1980年頃のIT産業の興隆以来，このリニア・モデルに対するいくつかの疑問が呈されるようになってきた。そして，1990年代にイギリスのギボンズにより提唱されたのがモード2モデル[3] [4]である。この考え方では先のリニア・モデルをモード1モデルと呼び，それに対置するモデルとして，図14-4に示すように科学と技術，基礎研究の場（大学）と社会を同列におき，社会のニーズ，社会の抱える問題，あるいは起こりうる問

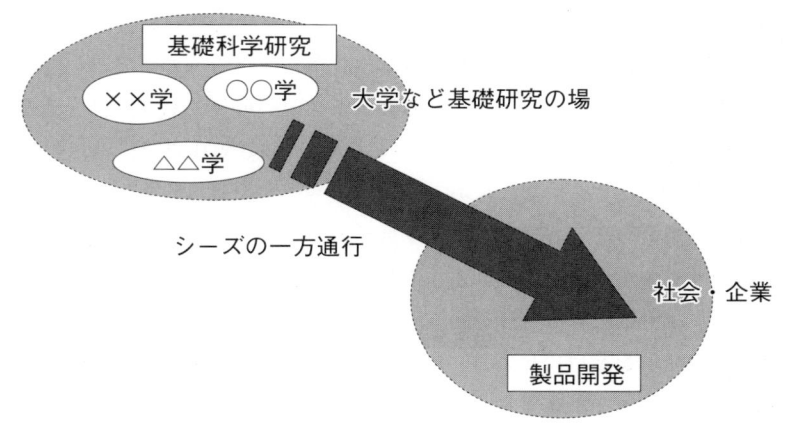

第14章 持続可能社会を導くサステイナビリティ・シーズマップ

図14-4 リニアモデル（モード1）
基礎研究と製品開発の場は異なる。

題の種を研究者が発見し，問題を定義・構造化した上で，その解決の手段となりうるシーズを抽出し，組み合わせて解決のための研究開発を行っていくモデルである。このモデルでは作るべきものや解決する課題を与え，基礎研究と応用開発研究の間に垣根を作らず，両者を同じ場所で一体として行うことによって，社会のニーズに的確に応じた迅速な研究開発が行われると共に，基礎研究に対して研究者の外から「解決すべき問題」という方向付けを与えることで，新しい科学，とくに学際領域の創造を社会との刺激の中で得るという効果をもっている。

現在の工学分野についてみると，程度の差はあるものの，分野によってリニア・モデルの様相が強い分野とモード2的な要素が強い分野が混在しているように見える。化学・生物工学・材料工学のような素材系の分野では比較的リニア・モデル的研究スタイルが取られ，一方機械システム，情報（特にソフトウェア），土木，建築などの分野ではモード2的研究スタイルが強い，とりわけ西村[4]が「知識生産様式におけるモード2概念が生まれた契機の一つは，環境問題だった。」としているように，モード2は環境工学の分野（あるいは環境分野）に良くフィットする。環境汚染が人体や生態系に影響を与えるメカニズムを明らかにしたい，そのために環境汚染物質の濃度を

簡易に測定したい，その汚染物質を安全に除去したいという社会的課題の下では，医学，生態学，気象学，材料科学，化学，生物学等の研究者が課題に対応した連携体制でその解決に当たることが必要不可欠であり，自然とモード2型の研究が行われることとなる。とりわけ1990年代以降に地球規模の環境問題が顕在化する中で，環境工学が，そもそも環境負荷を生み出さないもの作り，産業のあり方を模索するシステム工学的な指向を強める中で，環境問題の解決のために包含されるべき科学技術の分野は広く拡大している。ギボンズ[3]は現在大学の内外で起こっている知識生産の変化の一つとして専門職教育の発展を挙げているが，「近い将来の流れは，環境科学をその中核に据えたものになるだろう」とまで述べている。

モード2的な研究開発が地球温暖化問題・エネルギー問題の解決に寄与した一例として，太陽電池の開発と普及について考えてみよう。太陽電池の根本的な物理原理である光電効果は1800年代に発見されているが，これが太陽電池として応用されたのは1954年の米国ベル研究所のピアソンによる単結晶太陽電池の試作に始まる。図14-5には，太陽電池技術の変遷を示している。1970年代初頭までの太陽光発電技術開発の初期には太陽電池は大気のない宇宙で発電することのできる技術の一つとして，宇宙技術開発の枠内で開発されていた。すなわち，宇宙開発というニーズに誘引された開発（すなわち，これもモード2的研究開発である）がおこなわれており，そこでは高価格でも安定して発電できることが優先されていた。それが，1973年のオイルショックで化石燃料資源に代替する再生可能エネルギー源として再認識されることとなり，大量普及のための低コスト化を主目的とした開発がスタートする。現在の代表的な低コスト太陽電池の一つであるアモルファスシリコン太陽電池は1970年代に開発されており，また1974年に開始された日本のサンシャイン計画においては当初太陽熱利用が太陽エネルギー利用の主要な研究課題とされていたが，1980年以降は太陽電池に対する研究予算が大きく増額されている。この時期までは，主として電子材料・半導体関連の科学技術が太陽光発電の開発を推進している。

1980年代には，太陽電池瓦等の建材一体型技術，インバーター，系統連

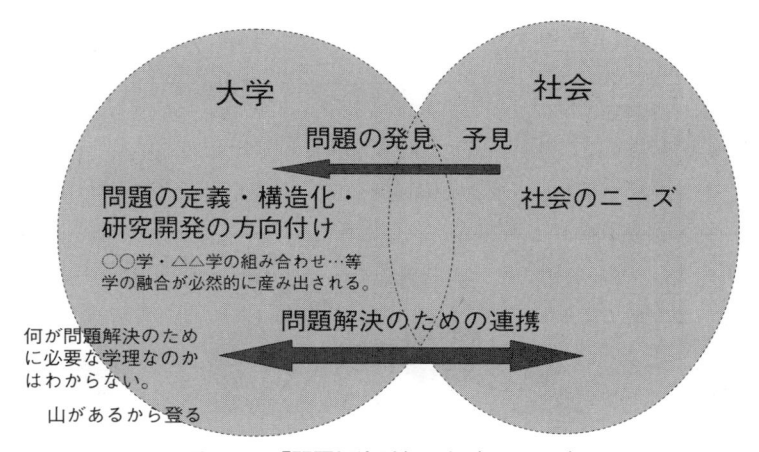

第 14 章 持続可能社会を導くサステイナビリティ・シーズマップ

```
          大学                社会
         問題の発見、予見
   ←────────────────
  問題の定義・構造化・        社会のニーズ
  研究開発の方向付け
  ○○学・△△学の組み合わせ…等
  学の融合が必然的に産み出される。
          問題解決のための連携
何が問題解決のため ←──────────→
に必要な学理なのか
はわからない。
  山があるから登る
```

図14-5　「問題解決型」研究（モード2）
社会と大学が密接な連携のもとで，社会が抱える問題を発見し，解決への道筋を構造化し，それを解決していく。

系技術など実際に太陽光発電を発電技術として実用化するための周辺技術が開発された時期である。徐々に製造技術や低コスト化に関心が払われ，1980年代後半から太陽電池の製造量が増加を始めるが，当初は実証試験的な利用が主であり，一般への普及は僻地への応用，電卓用などを除けばほとんど進んでいなかった。この時期は電力系統，建築材料等の周辺分野の技術開発が，太陽電池の可能性を拡大させた時期といえよう。

　1990年代に入ると，再生可能エネルギー技術としての確立を受け，また，地球温暖化問題の顕在化も追い風となって，補助金，Feed in Tariff（発電電力の固定価格買い取り制度），RPS（電気事業者への再生可能エネルギー導入の義務づけ）など普及のための各種制度が各国で実施されるようになってくる。これにより，太陽光発電の量的な普及が飛躍的に進み，関連技術の開発やいわゆる習熟効果によって低価格化が実現する。この時期は，太陽電池の分野に社会科学分野の研究課題が出現した時期と言っても良いであろう。一方で飛躍的な普及のために原料となるシリコンの不足が90年代後半に顕著となり，SOG（Solar-glade）（太陽電池に要求されるグレード，従来は電子回路用半導体と同じ高いグレードであった）シリコンの製造技術なども研究課題に

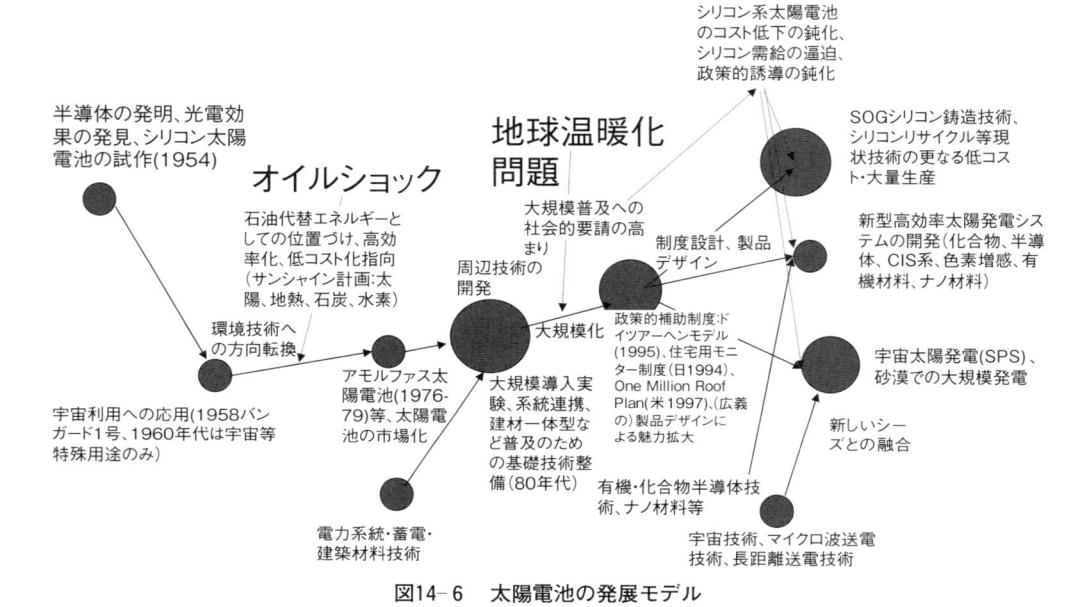

第 5 部　サステイナビリティ知識の構造化とシーズマップ

図14-6　太陽電池の発展モデル

なってきている。

　現在，技術開発の分野では，色素増感太陽電池，CIS（CuInSe2）系太陽電池等の新しいコンセプトの材料を模索する動きが強くなってきている。2006年度よりスタートしたNEDO（独立行政法人新エネルギー・産業技術総合開発機構）の太陽光発電システム未来技術研究開発においては，CIS系薄膜太陽電池，薄膜シリコン太陽電池，色素増感太陽電池，次世代超薄型シリコン太陽電池，有機薄膜太陽電池が研究課題として設定されている。これらの太陽電池の一部は従来のシリコン系とは異なる材料を用いるため，研究開発に当たる研究者・技術者の専門分野が化学など他の分野に転換している点が，科学と環境技術の関係を論じる上では特筆すべきポイントといえよう。

　さらに近年では，太陽光発電の大量普及を想定し，一般の電力系統への接続時の天候による需給バランスの変動を蓄電池や情報技術を利用した需要調整により緩和するスマートグリッド技術が期待されている。この開発では電

力系統・情報工学等が重要な役割を果たすことになる。

このように太陽電池技術の発展過程を概観すると，当初の宇宙開発目的を経て，1970年代に化石燃料代替エネルギーとして方向転換をおこない，基礎研究・開発研究・制度設計が一体となった普及への科学技術の参画体制の整備が進んでおり，上述のモード2研究の特徴的な一事例となっていることがわかる。

14.3.3 将来のサステイナビリティ・サイエンスのための研究開発モデル

環境問題は常に変化し続けている。従来問題視されていなかった事象が，突然環境問題として社会の注目を浴び，迅速な解決を要求される。たとえば，現在世界的な課題となっている地球温暖化についても，1990年以前は重要視される環境問題ではなかった。現在では，2050年に世界の温室効果ガス排出量を半減させることが目標とされているが，2050年までの約40年の所要期間は，現在大学で行われている多くの基礎的な科学技術シーズについて，それが開発され，社会で普及するために十分な時間であると考えられる。しかしどのようなシーズがこの目標に対して有効であるかはまだ明らかでない。現在，地球温暖化を中心に将来，環境問題の解決に有効であるというシーズがいろいろな分野から数多く提案されている。しかしそれらの一部は，実用までのハードルが大きすぎて，2050年においても実現が不可能であったり，実現したとしても温室効果ガスの削減効果があまり大きくなかったり，費用対効果が低すぎるものであったりする恐れがある。現在必要とされるのは，これらの科学技術を評価し，その中から2050年温室効果ガス半減のような環境側からの要請に応えうる適切な技術を選び出すシステムを作り上げることが必要である。そのためには，各分野の科学技術を深く理解できる能力を有すると同時に，環境問題のメカニズムを正しく理解し，社会の要請，技術の社会適応性，制度設計も理解できる，新しいタイプの文理融合型の人材を育成する，あるいはそのような人材の組織を作り上げる必要がある。藤本ら[5]は「家庭からのCO_2削減」のような社会目標を，その手段別にツリー図に分解していくことにより，その手段の構成の複雑さ，手段間の相

互影響，手段の競合，手段の時間スケールの違いなどの要因により，技術プッシュ型（リニアモデルに近い）のボトムアップアプローチだけではその社会目標を達成することは困難であり，マクロ視点（社会目標）からのトップダウン型アプローチとミクロ視点（科学技術）からのボトムアップ型アプローチの不整合を解決する必要があることを指摘し，その解決策としてマクロとミクロの中間に「メゾ」レベルを設定し，両アプローチの整合を図ることを提案している。これは前述のモード2型のモデルを展開するための，社会と研究の場の有機的な結合を生み出すしくみともいえる。

一般の技術開発分野においては産業化による果実（成果）を得ることを目的として「メゾ」レベルの役割を企業や経済団体が担うことが多い。しかし，サステイナビリティや環境の問題では，問題の設定自体が高度に学術的な視点を必要とすること，その解決が必ずしも経済的利益を生むものでは無いことから，「メゾ」レベルの役割自体が大学に期待されているといえる。

さて，本章で提示したサステイナビリティ・シーズマップをこの観点から眺めると，それぞれの研究者が自ら記述したホームページ情報を整理したものであり，著者らによる若干の編集・選択作業を経ているとはいえ，基本的にミクロ視点からのボトムアップによる情報整理となっている。これは，たとえば図14-1，14-2に示したような，「循環型社会」というビジョンから出発した俯瞰型のマップと比較すると，個々のシーズの内容が具体的に見える代わりに，そのシーズがどのような実用化・製品化・社会での普及を経てビジョンの達成のために貢献できるのか，そのために関連するシーズについてどのようなシステム化が必要なのか，については分かりにくい構造となっていることがわかる。両者のマップの長所を組み合わせ，今後のサステイナビリティ・サイエンス研究の中で生かしていくためには，マクロ視点からの俯瞰ができる能力と，ミクロ視点のシーズの内容が正しく解釈できる能力の両方を兼ね備えた，まさに「メゾ」レベルの能力を持つ研究者の育成が必要であり，そのシステム作りがサステイナビリティ・サイエンス研究における今後の使命であると考えている。

第 14 章　持続可能社会を導くサステイナビリティ・シーズマップ

参考文献

1) 小宮山宏（2007）『課題先進国』，中央公論新社．
2) リチャード・S・ローゼンブルーム，ウィリアム・J・スペンサー編　西村吉雄訳（1998）『中央研究所の時代の終焉　研究開発の未来』，日経BP社．
3) マイケル・ギボンズ編著，小林信一，監訳（1997）『現代社会と知の創造　モード論とは何か』丸善ライブラリー．
4) 西村吉雄（2003）『産学連携「中央研究所の時代」を超えて』，日経BP社．
5) 藤本淳，梅田靖，近藤伸亮，松本光崇，増井慶次郎，木村文彦（2008）「技術と社会イノベーションとの統合的対策のためのMESOレベルの概念提案」，エコデザイン2008ジャパンシンポジウム講演論文集，A12-2，東京，CD-ROM．

第5部　サステイナビリティ知識の構造化とシーズマップ

		環境・サステイナビリティの問題分野・対象領域			
		(A) 土壌・水・生態系関連	(B) 地球温暖化・エネルギー関連	(C) 資源・マテリアル関連	(D) 社会経済・人間システム関連
手法・アプローチ	(1) 要素技術開発（材料，プロセス等）	1, 3, 34, 63, 66, 93, 104, 105, 106	5, 12, 28, 31, 44, 51, 53, 57, 58, 59, 65, 69, 90, 91, 94, 97, 98	7, 8, 10, 11, 13, 19, 20, 21, 29, 32, 37, 38, 40, 50, 55, 56, 62, 67, 68, 70, 72, 74, 76, 79, 84, 85, 86, 87, 88, 89, 92, 95, 107, 108	
	(2) 現象解析，シミュレーション，モデル開発，評価	6, 16, 17, 18, 23, 30, 35, 39, 41, 42, 71, 75, 77, 78, 80, 81, 82, 100, 101, 102, 103	2, 4, 15, 22, 24, 27, 45, 48, 52, 60, 64, 99, 118	43, 47, 61, 73	
	(3) システム分析，マネジメント，管理	46	14, 26, 36	9, 25, 33, 96, 113	49, 54, 83, 109, 112, 115, 116, 126, 128
	(4) 社会（システム）に対する理解，評価，分析				110, 111, 114, 117, 122, 125, 129, 133, 134, 135, 136, 137, 138
	(5) 制度設計，政策提案		119, 121, 123		120, 124, 127, 130, 131, 132

図14-7　大阪大学版サステイナビリティ・シーズマップ：各研究シーズの相対的な位置付け（マップ内の各番号が表14-1の連番に対応する）

第 14 章 持続可能社会を導くサステイナビリティ・シーズマップ

表14-1 シーズマップに掲載されている大阪大学の関連分野の研究者および研究キーワード一覧
表中の「マップ対応」は図 14-7 シーズマップの中での位置を表す。情報については平成 22 年度現在のもの

連番	マップ対応	教員名	学科・専攻	研究キーワード
1	A1	明石 満(教授)	工学研究科 応用化学専攻	環境適合性高機能合成高分子材料の開発
2	B2	赤松 史光(教授)	工学研究科 機械工学専攻	バイオマスエネルギーの効率的燃焼のあり方に関する研究
3	A1	池 道彦(教授)	工学研究科 環境・エネルギー工学専攻	バイオテクノロジーを基にした土壌・水系の環境保全及び浄化,資源回収技術の開発
4	B2	伊瀬 敏史(教授)	工学研究科 電気電子情報工学専攻	パワーエレクトロニクスを基盤とした分散型電源,新しい電力ネットワークシステムの開発
5	B1	伊藤 利道(教授)	工学研究科 電気電子情報工学専攻	次世代エレクトロニクス材料・素子の開発
6	A2	井上 佳久(教授)	工学研究科 応用化学専攻	化学と生物における分子認識現象全般の統一的理解に関する研究
7	C1	今中 信人(教授)	工学研究科 応用化学専攻	希土類化合物に関する研究,化学センサに関する研究
8	C1	上西 啓介(教授)	工学研究科 ビジネスエンジニアリング専攻	材料プロセッシングに関する研究(ゼロエミッション実現に向けて)
9	C3	梅田 靖(教授)	工学研究科 機械工学専攻	エコデザイン(環境調和型設計)方法論に関する研究,持続可能社会シナリオシミュレータ(3S)の研究・開発
10	C1	宇山 浩(教授)	工学研究科 応用化学専攻	バイオマテリアルの開発

第5部 サステイナビリティ知識の構造化とシーズマップ

連番	マップ対応	教員名	学科・専攻	研究キーワード
11	C1	大竹 久夫(教授)	工学研究科 生命先端工学専攻	バイオテクノロジーを活用した環境にやさしい生産プロセスや，下水からのリン回収技術の開発
12	B1	尾崎 雅則(教授)	工学研究科 電気電子情報工学専攻	有機エレクトロニクス，液晶，有機太陽電池，有機発光デバイス
13	C1	小野 英樹(准教授)	工学研究科 マテリアル生産科学専攻	資源循環社会システムの要素技術の開発（新材料プロセス）
14	B3	加賀 有津子(教授)	工学研究科 ビジネスエンジニアリング専攻	エリアデザインとマネジメントに関する研究
15	B2	柏木 正(教授)	工学研究科 地球総合工学専攻	巨大な浮体式風力発電システムの設計指針，波浪エネルギーの回収方法，船の波浪中抵抗低減に関する研究
16	A2	加藤 直三(教授)	工学研究科 地球総合工学専攻	流出重油の自動追跡ブイ，流出重油漂流シミュレーション，干潟やサンゴ礁の環境モニタリング用ロボットに関する研究
17	A2	金谷 茂則(教授)	工学研究科 生命先端工学専攻	生物機能の中心的役割を担っている蛋白質の機能解析
18	A2	河崎 善一郎(教授)	工学研究科 電気電子情報工学専攻	リモートセンシングによる地球環境の監視・解析
19	C1	神戸 宣明(教授)	工学研究科 応用化学専攻	新触媒反応系の開発に関する研究，新規有機合成手法の創出に関する研究
20	C1	菊地 和也(教授)	工学研究科 生命先端工学専攻	分子をデザイン・合成して生物学応用を行う研究

第14章 持続可能社会を導くサステイナビリティ・シーズマップ

連番	マップ対応	教員名	学科・専攻	研究キーワード
21	C1	紀ノ岡 正博(教授)	工学研究科 生命先端工学専攻	生物プロセスを解明し，制御し，利用する研究
22	B2	倉敷 哲生(准教授)	工学研究科 ビジネスエンジニアリング専攻	信頼性工学，リスク評価，寿命・損傷評価，複合材料，数値シミュレーション
23	A2	近藤 明(准教授)	工学研究科 環境・エネルギー工学専攻	環境動態数理モデルの構築・活用に関する研究
24	B2	相良 和伸(教授)	工学研究科 地球総合工学専攻	建築設備，空調，蓄熱に関する研究
25	C3	澤木 昌典(教授)	工学研究科 環境・エネルギー工学専攻	都市環境デザインに関する研究
26	B3	下田 吉之(教授)	工学研究科 環境・エネルギー工学専攻	持続可能な都市エネルギーシステムに関する研究
27	B2	高井 重昌(教授)	工学研究科 電気電子情報工学専攻	形式モデルを用いた分散システムの解析・制御・検証技術とその応用
28	B1	武石 賢一郎(教授)	工学研究科 機械工学専攻	次世代1700℃級・超高効率ガスタービンの開発（革新的翼冷却技術と熱流動現象の制御）
29	C1	田中 敏宏(教授)	工学研究科 マテリアル生産科学専攻	異相界面を利用した高付加価値化および再資源化材料プロセスの創製
30	A2	玉井 昌宏(准教授)	工学研究科 地球総合工学専攻	沿岸都市域の環境要素の動態の解明と将来予測
31	B1	民谷 栄一(教授)	工学研究科 精密科学・応用物理学専攻	ナノテクノロジーを活用したバイオデバイスの開発
32	C1	茶谷 直人(教授)	工学研究科 応用化学専攻	均一系遷移金属錯体を用いた新しい触媒反応の開発

第5部　サステイナビリティ知識の構造化とシーズマップ

連番	マップ対応	教員名	学科・専攻	研究キーワード
33	C3	東海 明宏（教授）	工学研究科 環境・エネルギー工学専攻	環境リスクの評価と管理に関する研究
34	A1	西嶋 茂宏（教授）	工学研究科 環境・エネルギー工学専攻	高磁場を用いた環境保全の研究
35	A2	西田 修三（教授）	工学研究科 地球総合工学専攻	河川流域圏と閉鎖性水域の物質循環と環境評価
36	B3	新田 保次（教授）	工学研究科 地球総合工学専攻	交通システムのあり方についての研究
37	C1	馬場 章夫（教授）	工学研究科 応用化学専攻	有機金属化学における多機能触媒設計に関する研究
38	C1	林 高史（教授）	工学研究科 応用化学専攻	ナノ・マイクロバイオマテリアルの創製，タンパク質マトリクスの特異環境を利用した金属錯体をベースとする触媒反応システムの開発
39	A2	原島 俊（教授）	工学研究科 生命先端工学専攻	真核生物の環境応答制御機構に関する研究
40	C1	平尾 俊一（教授）	工学研究科 応用化学専攻	有機合成および材料合成方法論の開拓 生体関連システムの構築に関する研究
41	A2	福井 希一（教授）	工学研究科 生命先端工学専攻	タンパク質の立体構造解析や相互作用の動態解析等の研究
42	A2	福住 俊一（教授）	工学研究科 生命先端工学専攻	生命現象に関する酸化還元反応機構に関する研究
43	C2	藤久保 昌彦（教授）	工学研究科 地球総合工学専攻	浮体式海洋構造物の構造応答シミュレーションおよび構造安全性評価に関する研究

第14章 持続可能社会を導くサステイナビリティ・シーズマップ

連番	マップ対応	教員名	学科・専攻	研究キーワード
44	B1	藤本 愼司(教授)	工学研究科 マテリアル生産科学専攻	エネルギー関連材料の開発と評価に関する研究
45	B2	舟木 剛(教授)	工学研究科 電気電子情報工学専攻	システム・制御工学の視点からの電力・エネルギーシステムのモデル解析
46	A3	町村 尚(准教授)	工学研究科 環境・エネルギー工学専攻	生態系サービス，物質循環，水循環，生物多様性，気候変動，フラックス観測，リモートセンシング，気象モデル，生態系モデル，GIS，屋上緑化に関する研究
47	C2	箕島 弘二(教授)	工学研究科 機械工学専攻	エネルギー・環境調和材料の破壊機構の解明と信頼性向上に関する研究
48	B2	森川 良忠(教授) 白井 光雲(准教授)	工学研究科 精密科学・応用物理学専攻（森川），産業科学研究所附属研究施設 産業科学ナノテクノロジーセンター（白井）	量子力学，計算機シミュレーション，半導体デバイス，有機デバイス，不均一触媒，太陽電池，燃料電池等応用技術の基礎的研究
49	D3	矢吹 信喜(教授)	工学研究科 環境・エネルギー工学専攻	高度な情報技術を応用した人間・人工物・自然の環境設計情報学
50	C1	山下 弘巳(教授)	工学研究科 マテリアル生産科学専攻	環境調和型エコマテリアルの創製（光クリーンテクノロジー）
51	B1	山中 伸介(教授)	工学研究科 環境・エネルギー工学専攻	水素エネルギー材料，熱電変換材料の開発

第5部　サステイナビリティ知識の構造化とシーズマップ

連番	マップ対応	教員名	学科・専攻	研究キーワード
52	B2	山中 俊夫(教授)	工学研究科 地球総合工学専攻	建築環境工学(通風・換気，空調)
53	B1	芦田 昌明(教授)	基礎工学研究科 物質創成専攻	新しい光機能性材料を創成する研究
54	D3	新井 健生(教授)	基礎工学研究科 システム創成専攻	知能ロボットシステムの新しい機構や制御法，応用の研究
55	C1	井上 義朗(教授)	基礎工学研究科 物質創成専攻	情報流体工学，マイクロ化学プラントについての研究
56	C1	馬越 大(准教授)	基礎工学研究科 物質創成専攻	環境調和型バイオ生産・分離プロセスに関する研究
57	B1	大垣 一成(教授)	基礎工学研究科 物質創成専攻	気体包接化合物の構造・機能と地球温暖化・エネルギー資源問題への応用研究
58	B1	岡本 博明(教授)	基礎工学研究科 システム創成専攻	アモルファス・ナノ結晶シリコン系薄膜およびⅡ-Ⅵ族多結晶半導体薄膜の開発
59	B1	川野 聡恭(教授)	基礎工学研究科 機能創成専攻	電子・イオン・原子の運動やプラズマ流(電離気体流)における数理モデルの開発と，燃料電池・二次電池・電子デバイスへの応用
60	B2	河原 源太(教授)	基礎工学研究科 機能創成専攻	熱および流体に関連する諸現象の解明とその応用に関する基礎研究
61	C2	小林 秀敏(教授)	基礎工学研究科 機能創成専攻	衝撃・材料に関する研究(軽量金属材料の環境脆化に関する研究など)
62	C1	實川 浩一郎(教授)	基礎工学研究科 物質創成専攻	高機能で新規な触媒反応系の設計・開発

第14章 持続可能社会を導くサステイナビリティ・シーズマップ

連番	マップ対応	教員名	学科・専攻	研究キーワード
63	A1	田谷 正仁(教授)	基礎工学研究科 物質創成専攻	化学物質による世代を超えたDNA損傷評価,自然形質転換場としてのバイオフィルムとその抑制に関する研究
64	B2	辻本 良信(教授)	基礎工学研究科 機能創成専攻	流体力学的不安定現象の解明と防止に関する研究(原子力発電プラントのメインバルブの振動問題の解明と防止)
65	B1	戸部 義人(教授)	基礎工学研究科 物質創成専攻	固体表面上での有機分子の自己集合に基づくナノエレクトロニクス,新奇芳香族化合物の薄膜有機太陽電池アクセプターへの応用,外部刺激に応答して分子のもつ様々な情報を制御する分子機械,分子スイッチの基礎研究
66	A1	直田 健(教授)	基礎工学研究科 物質創成専攻	環境調和型触媒反応の開拓
67	C1	中野 雅由(教授)	基礎工学研究科 物質創成専攻	「量子化学計算」を用いた「機能性材料の分子設計」を行なうための研究
68	C1	真島 和志(教授)	基礎工学研究科 物質創成専攻	不斉触媒反応や重合反応に優れた新しい分子触媒の開発や機能性物質の開発を志向した金属—金属結合をもつ新しい分子素子の合成研究
69	B1	三宅 淳(教授)	基礎工学研究科 機能創成専攻	バイオ水素,光合成タンパク質を使った太陽電池の開発

第5部　サステイナビリティ知識の構造化とシーズマップ

連番	マップ対応	教員名	学科・専攻	研究キーワード
70	C1	青島　貞人（教授）	理学研究科 高分子科学専攻	選択的な重合反応による新しい性質や種々の形態を有する高分子の合成，高感度刺激応答性ポリマーの分子設計と合成に関する研究
71	A2	荒田　敏昭（准教授）	理学研究科 生物科学専攻	生物エネルギー変換蛋白質（イオンポンプ・分子モーター）の作動機構の研究
72	C1	稲葉　章（教授）	理学研究科 附属構造熱科学研究センター	界面吸着相の構造と物性に関する研究
73	C2	大山　浩（准教授）	理学研究科 化学専攻	大気反応，クラスター反応，そして固体表面反応における「立体効果」と反応機構を解明する研究
74	C1	鬼塚　清孝（教授）	理学研究科 高分子科学専攻	重合反応における分子量分布やミクロ構造の制御に役立つ新しい高活性高選択性重合触媒に関する研究
75	A2	倉光　成紀（教授）	理学研究科 生物科学専攻	高度好熱菌をモデルとした基本的生命現象の系統的解析の研究
76	C1	今野　巧（教授）	理学研究科 化学専攻	触媒や液晶，制癌剤などの医薬品等多岐にわたる錯体化学の研究
77	A2	佐藤　尚弘（教授）	理学研究科 高分子科学専攻	高分子の集合状態が決まるメカニズムの解明と，集合状態に由来する物性・機能の出現機構に関する研究
78	A2	高木　慎吾（准教授）	理学研究科 生物科学専攻	植物細胞の環境応答や植物のパターン形成に関する研究
79	C1	深瀬　浩一（教授）	理学研究科 化学専攻	糖分子を位置および立体的に制御しながら結合させる新しい合成法，マイクロフロー合成，生物活性分子の機能研究のための種々の標識体合成研究

第14章　持続可能社会を導くサステイナビリティ・シーズマップ

連番	マップ対応	教員名	学科・専攻	研究キーワード
80	A2	松田 准一(教授)	理学研究科 宇宙地球科学専攻	惑星および地球環境, 食物生態環境などについての研究
81	A2	村田 道雄(教授)	理学研究科 化学専攻	生体低分子の3次元的な形および生体内における働きに関する研究
82	A2	渡會 仁(特任教授)	理学研究科 化学専攻	液液界面ナノ領域の分析化学と微小作用力による微粒子分析法の開発
83	D3	村田 正幸(教授)	情報科学研究科 情報ネットワーク学専攻	自己修復可能な情報ネットワーク, 成長可能な情報ネットワーク, 自己組織化情報ネットワーク制御に関する研究
84	C1	芝田 育也(教授)	環境安全研究管理センター	環境調和型有機合成法, 高機能触媒の開発
85	C1	高橋 康夫(教授)	先端科学イノベーションセンター 先端科学技術インキュベーション部門	グリーンマテリアルプロセシングに関する研究
86	C1	町田 憲一(教授)	先端科学イノベーションセンター 先端科学技術インキュベーション部門	レアメタルの有効利用とリサイクルに関する研究
87	C1	桐原 聡秀(准教授)	接合科学研究所 付属スマートプロセス研究センター	接合・加工をナノ・マイクロレベルで超精細制御するスマートプロセス, および環境調和材料の創製研究
88	C1	近藤 勝義(教授)	接合科学研究所 接合機構研究部門	軽量金属, 複合材料, 炭素系ナノ粒子, バイオマスリサイクルに関する研究
89	C1	西川 宏(准教授)	接合科学研究所 付属スマートプロセス研究センター	エレクトロニクス実装に関する研究

第5部　サステイナビリティ知識の構造化とシーズマップ

連番	マップ対応	教員名	学科・専攻	研究キーワード
90	B1	朝日 一（教授）	産業科学研究所 第1研究部門（情報・量子科学系）	将来の光・電子技術に必要な物質・材料，プロセス及びデバイス応用の研究
91	B1	小林 光（教授）	産業科学研究所 第2研究部門（材料・ビーム科学系）	シリコン太陽電池の研究
92	C1	笹井 宏明（教授）	産業科学研究所 第3研究部門（生体・分子科学系）	実用的な高活性不斉触媒の開発
93	A1	菅沼 克昭（教授）	産業科学研究所 第2研究部門（材料・ビーム科学系）	有害元素の代替技術，環境浄化技術，エネルギー変換高効率化技術に関する研究
94	B1	田中 秀和（教授）	産業科学研究所 付属研究施設 産業科学ナノテクノロジーセンター	人工ナノヘテロ構造形成技術とナノ加工技術を活用したナノ機能材料デバイスの開発
95	C1	谷澤 克行（教授）	産業科学研究所 第3研究部門（生体・分子科学系）	酵素の活性部位構造や立体構造，触媒反応機構に関する研究（バイオナノカプセルを用いる遺伝子導入法やドラッグデリバリー法の開発）
96	C3	溝口 理一郎（教授）	産業科学研究所 第1研究部門（情報・量子科学系）	サステナビリティーオントロジーの開発と知識の組織化に関する研究
97	B1	平井 隆之（教授）	太陽エネルギー化学研究センター 環境光工学研究分野	太陽エネルギー・光エネルギーを化学的に利用する材料や技術の開発
98	B1	松村 道雄（教授）	太陽エネルギー化学研究センター 太陽エネルギー変換研究分野	光化学，電気化学，触媒化学等を統合した高効率太陽電池の開発

第 14 章　持続可能社会を導くサステイナビリティ・シーズマップ

連番	マップ対応	教員名	学科・専攻	研究キーワード
99	B2	高井　幹夫（教授）	極限量子科学研究センター 量子基礎科学大部門	次世代超高速集積回路の信頼性に関する研究
100	A2	栗栖　源嗣（教授）	蛋白質研究所 蛋白質構造生物学研究部門	光合成生物（蛋白質の複合体と膜蛋白質）の研究
101	A2	長谷　俊治（教授）	蛋白質研究所 蛋白質化学研究部門	植物や藻類に特有の細胞内小器官（オルガネラ）で働くタンパク質の機能と生合成を中心とした研究
102	A2	高橋　京子（准教授）	総合学術博物館 研究・教育部 資料基礎研究系	環境共生を意図した薬用資源有効利用デザインの構築に関する研究
103	A2	高木　達也（教授）	薬学研究科 生命情報環境科学専攻	化学物質がもつ環境への影響に関するデータの予測
104	A1	永瀬　裕康（助教）	薬学研究科 附属実践薬学教育研究センター	微生物共生系や光分解による石油汚染水の浄化技術の開発，成層圏フロン除去によるオゾンホール・地球温暖化対策に関する研究
105	A1	那須　正夫（教授）	薬学研究科 生命情報環境科学専攻	水と生活環境の安全保証や環境保護などに関する研究
106	A1	平田　收正（教授）	薬学研究科 付属実践薬学教育研究センター	環境ホルモンや有害重金属の浄化（バイオレメディエーション），ストレス耐性植物による環境修復に関する研究
107	C1	藤岡　弘道（教授）	薬学研究科 分子薬科学専攻	環境調和型反応の開発

第5部　サステイナビリティ知識の構造化とシーズマップ

連番	マップ対応	教員名	学科・専攻	研究キーワード
108	C1	八木 清仁（教授）	薬学研究科　分子薬科学専攻	ナノマテリアルの安全性評価，C型肝炎に対する新規治療法の開発，Tight junctionをターゲットとした創薬基盤研究，間葉系幹細胞を利用した肝再生医療に関する研究
109	D3	青野 正二（准教授）	人間科学研究科　人間科学専攻	環境音の心理的評価と音環境計画
110	D4	木前 利秋（教授）	人間科学研究科　人間科学専攻	グローバル化の多様性（とりわけグローバルなシティズンシップと市民社会の可能性）に関する研究
111	D4	栗本 英世（教授）	人間科学研究科　人間科学専攻	社会人類学，アフリカ民族誌学，紛争，戦争，難民，国家，平和構築，人道主義に関する研究
112	D3	小泉 潤二（教授）	人間科学研究科　人間科学専攻	解釈人類学，文化と社会的現実の人類学的理解，文化分析，文化のダイナミクス，ラテンアメリカ，グアテマラ，ギアツを対象とした研究
113	C3	神前 進一（准教授）	人間科学研究科　グローバル人間学専攻	持続型農業や住民参加型森林管理などの手法を用いたローカルレベルでの自立的な資源循環型社会の構築に関する研究
114	D4	小林 清治（准教授）	人間科学研究科　グローバル人間学専攻	環境問題と公共性に関する研究
115	D3	友枝 敏雄（教授）	人間科学研究科　人間科学専攻	社会変動分析，理論社会学

第14章 持続可能社会を導くサステイナビリティ・シーズマップ

連番	マップ対応	教員名	学科・専攻	研究キーワード
116	D3	中村 安秀（教授） 澤村 信英（教授）	人間科学研究科 グローバル人間学専攻	質的調査，アフリカ，教育，国際開発，国際協力（途上国の人々の健康や教育，貧困問題に関する研究）
117	D4	スコット・ノース（教授）	人間科学研究科 人間科学専攻	食や教育のグローバル化や森林産物の商品連鎖に関する研究
118	B2	三浦 利章（教授）	人間科学研究科 人間科学専攻	交通システムの情報化・知能化（ITS: Intelligent Transport Systems）に関する研究
119	B5	尾崎 雅彦（講師）	経済学研究科 政策専攻	イノベーション，電気自動車（EV）普及と低炭素社会，地域システム研究，サービス産業新分類，電気自動車（EV）普及と低炭素社会
120	D5	佐藤 泰裕（准教授）	経済学研究科 経済学専攻	地域科学，都市・地域経済学，応用ミクロ経済学
121	B5	伴 金美（教授）	経済学研究科 政策専攻	エコノメトリックス（計量経済学），計量モデル分析
122	D4	深尾 葉子（准教授）	経済学研究科 経営学系専攻	中国農村社会，環境問題・地域社会，黄砂のグローバル・マネジメント，持続可能な社会のコミュニケーションのマネジメント，里山のグローバル・マネジメント
123	B5	西條 辰義（教授）	社会経済研究所 付属行動経済学研究センター	社会制度の設計，地球温暖化，排出権取引に関する研究
124	D5	大久保 規子（教授）	法学研究科 法学・政治学専攻	行政法，環境法，NPO，環境分野を中心にした，市民参加・協働および公共利益訴訟に関する法的諸問題の研究
125	D4	末永 敏和（教授）	法学研究科 法学・政治学専攻	コーポレート・ガバナンス論，企業の社会的責任に関する研究

第5部　サステイナビリティ知識の構造化とシーズマップ

連番	マップ対応	教員名	学科・専攻	研究キーワード
126	D3	福井　康太（准教授）	法学研究科 法学・政治学専攻	法曹の新しい職域，コンプライアンス，紛争管理，司法アクセス，リスク管理に関する研究
127	D5	野呂　充（教授）	高等司法研究科 法務専攻	都市計画法，景観法，損失補償法に関する研究
128	D3	松本　和彦（教授）	高等司法研究科 法務専攻	環境保全に関する日独欧の比較研究
129	D4	赤井　伸郎（准教授）	国際公共政策研究科 比較公共政策専攻	行政組織とガバナンスの経済学，交通インフラとガバナンスの経済学
130	D5	大槻　恒裕（准教授）	国際公共政策研究科 比較公共政策専攻	開発経済学，環境経済学，国際貿易，農業経済学
131	D5	高阪　章（教授）	国際公共政策研究科 国際公共政策専攻	国際経済学，マクロ経済学，国際金融，開発金融，開発経済学，アジア経済論，アジア太平洋地域の経済相互依存，国際資本市場の統合化，金融システムと経済発展に関する研究
132	D5	山内　直人（教授）	国際公共政策研究科 比較公共政策専攻	NPO／NGO論，公共経済学，政府支出及び税制に関する研究，民間非営利活動に関する研究，人口高齢化に関する研究，資産・所得分配に関する研究
133	D4	飯塚　一幸（教授）	文学研究科 文化形態論専攻	近代化による地域社会の変容についての研究
134	D4	金水　敏（教授）	文学研究科 文化表現論専攻	文化表現論（日本語の存在動詞構文，アスペクト形式，受動文，指示詞，終助詞，格助詞等の問題について，理論的研究，歴史的研究，対照研究等の観点から考察）

第14章 持続可能社会を導くサステイナビリティ・シーズマップ

連番	マップ対応	教員名	学科・専攻	研究キーワード
135	D4	小林 茂（教授）	文学研究科 文化動態論専攻	ネパール・ヒマラヤの環境利用，琉球列島・九州の伝統的環境利用に関する研究
136	D4	堤 研二（教授）	文学研究科 文化形態論専攻	伝統的環境利用やその変遷，近代化・産業化，人口移動・人口流出，過疎・高齢化，地域生活機能，地域変動等に関する研究（理論と実証の連接）
137	D4	平川 秀幸（准教授）	コミュニケーションデザイン・センター 科学技術部門	科学技術ガバナンスに関する研究
138	D4	中村 征樹（准教授）	大学教育実践センター 教育実践研究部	サイエンス・コミュニケーション，科学技術への市民参加，科学技術と社会に関する研究

第 5 部　サステイナビリティ知識の構造化とシーズマップ

終章
持続可能な社会へ向けて
—環境イノベーションデザインの展望—

　本書では，持続可能社会の形成を理論的に支え，また，具体的な実践や行動を促していくための学術体系である「サステイナビリティ・サイエンス」について，大阪大学が取り組んできた研究事例を交えながら，そのエッセンスや重要な視座を提示することを試みた。サステイナビリティ・サイエンスにおける特徴的な方法論である，未来ビジョンや将来シナリオ設計，サステイナビリティ評価，そして社会システムの転換を具現化するために必要となる制度設計とガバナンスのあり方を紹介し，また，方法論と実践を結び付ける場としての地域レベルでの取り組みについても事例を示した。さらに，サステイナビリティ・サイエンスが扱う研究領域は多岐に及び，それゆえ，課題群や研究領域の俯瞰的把握と構造化についても，サステイナビリティ・サイエンスの「要」であることから，オントロジー工学の手法を用いた知識の構造化，そして大阪大学における多様な研究シーズの俯瞰マップを紹介した。

　我々人類が，このまま生産・消費活動を拡大し，資源・エネルギーの消費量や，温室効果ガス排出量が増大し続けることになれば，地球環境のサステイナビリティ，そして人類社会の存続が危機的な状況に陥ることはもはや明白である。すでに，これらの，サステイナビリティを脅かす事象や前兆，あるいは具体的なサインがさまざまなレベルで出現している。第 3 章でも述べたように，アジアを中心として地球全体で今後さらに都市化や産業化が進行し，その結果，資源エネルギー消費が増加し続けることがほぼ確実な状況において，未来の持続可能な社会や地球のサステイナビリティについてイメージすることでさえ，容易でなくなってきている。今こそ，人類が生み出してきた知識と英知を持ち寄り，持続可能社会のビジョンとそこに至るまで

終章　持続可能な社会へ向けて

の明確なロードマップを描くことで，社会そして人類の進むべき道を誘導していかねばならない。そして，社会に変革（イノベーション）を引き起こし，社会の構造転換を促進していくための理論的研究および実践を加速していかねばならない。これこそが，今後，サステイナビリティ・サイエンスが貢献すべき重要な領域の一つであろう。

　このようなイノベーションを誘導していく上で一つの鍵となるのが，社会のビジョン（マクロ）と，個々の科学技術シーズ（ミクロ）を効果的につなぎ合わせるための理論的・実践的研究，すなわちメゾ（中間）領域研究の開拓である。大学や研究機関では，研究活動を通じて，日々さまざまな科学技術のシーズが生まれており，これらの多くは，環境問題の解決や地球持続に寄与する可能性を秘めている。しかしながら，個々のシーズがどのように結び付けば，低炭素社会や循環型社会等といった社会が求めるマクロなビジョンの実現に貢献するのか，そして，科学技術シーズがビジョンと結び付くためには，いかなるシステムや駆動力，メカニズムが必要なのか，という点について，我々は充分な知見と理論を持ち合わせていない。学術的にみても，このメゾ領域を対象とした理論的研究は未開拓であり，ビジョンと科学技術シーズを有機的につなぐための学術領域を開拓し発展させることが求められるのである。

　大阪大学では，サステイナビリティ・サイエンス研究に関する第二期の取り組みとして，このメゾ領域を開拓することに重点を置くこととした。組織の面では，大阪大学サステイナビリティ・サイエンス研究機構を引き継ぐ形で，2010年に大阪大学環境イノベーションデザインセンターを発足させた。本学が有する環境分野関連の多様な研究・教育シーズを文系，理系を問わずあらゆる分野を超越して戦略的に融合させ，低炭素社会構築などの持続可能社会の実現に向けてイノベーションを誘導していくための研究教育を行う拠点を設置したのである。

　具体的には，太陽光利用，燃料電池，熱電変換技術，グリーンITなど世界最先端の環境技術に関する研究成果もとに，これらの個別の環境研究シーズあるいは技術システムを持続性の観点から評価し，環境技術・製品として

産業化・社会実装するための研究を実施する。また，日本や成長著しいアジア諸国における低炭素社会・循環型社会などのビジョンの構築と，これらのビジョン具現化のために研究シーズを効果的に融合させ，技術ロードマップや社会普及シナリオを描くとともに，必要とされる制度の設計を行うなど，学際的・戦略的な研究をすすめる。同時に，教育分野では，ビジョンと個別の科学技術シーズの双方に対して学際的な知見を有し，持続可能社会に向けたイノベーションを牽引することができる人材の育成を目標と定めた。このメゾ領域研究・教育を「環境イノベーションデザイン」として位置づけ，開拓，発展させていく予定である。

　日本におけるサステイナビリティ・サイエンスにかかわる研究教育への取り組みはまだ緒に就いたばかりである。研究者の学際的な連携はもとより，多様なステークホルダーが協力し合い，社会を持続可能な道筋へと変革してくための実践が求められる。サステイナビリティ・サイエンスの特性の一つでもあるデザイン力と行動力をさらに高め，持続可能社会の形成するためのイノベーションを具現化していくための学術研究の展開も待ったなしの状況である。大阪大学はそのような取り組みの先頭に立ち世界をリードしたいと考えており，また，一人でも多くの皆さんの参画を期待している。

山中　伸介

編者・執筆者 一覧

編著者

原 圭史郎（はら けいしろう）［第2部3章，第5部14章］
大阪大学環境イノベーションデザインセンター　特任准教授
1975年生まれ
2004年　東京大学大学院新領域創成科学研究科　博士課程修了　博士（環境学）
専門：都市環境工学，環境システム・マネジメント

梅田 靖（うめだ やすし）［第1部1・2章］
大阪大学大学院工学研究科　教授
1964年生まれ
1992年　東京大学大学院工学系研究科　博士課程修了　博士（工学）
専門：ライフサイクル工学，サステイナビリティ・サイエンス

執筆者　（執筆順）

馬場 章夫（ばば あきお）［序章］
大阪大学大学院工学研究科教授，工学研究科長，環境イノベーションデザインセンター長
学位：工学博士，専門：精密資源化学，有機合成化学，有機工業化学，有機金属化学

上須 道徳（うわす みちのり）［第2部4章］
大阪大学環境イノベーションデザインセンター　特任准教授
学位：Ph.D.（応用経済学），専門：環境経済，持続可能性・環境評価

山口 容平（やまぐち ようへい）［第2部5章］
大阪大学大学院工学研究科　助教
学位：博士（工学），専門：都市エネルギーシステム

高橋　康夫（たかはし　やすお）［第2部5章］
大阪大学接合科学研究所　教授
学位：工学博士，専門：材料科学，接合工学，環境科学

Yabar Helmut（ヤバール　ヘルムート）［第2部6章］
筑波大学大学院　生命環境科学研究科　准教授
学位：博士（工学），専門：環境マネジメント

濱崎　博（はまさき　ひろし）［第3部7章］
富士通総研　経済研究所　主任研究員，国際公共政策研究センター　客員研究員
学位：修士（工学），MSc and DIC in Energy Policy, MSt in Manufacturing
専門：環境政策，一般均衡分析

西條　辰義（さいじょう　たつよし）［第3部7章］
大阪大学社会経済研究所　教授
学位：Ph. D.（経済学），専門：制度設計

東海　明宏（とうかい　あきひろ）［第3部8章］
大阪大学大学院工学研究科　教授
学位：工学博士，専門：環境リスク管理論

大久保　規子（おおくぼ　のりこ）［第3部9章］
大阪大学大学院法学研究科　教授
学位：博士（法学），専門：環境法，行政法

木村　道徳（きむら　みちのり）［第4部10章］
独立行政法人　科学技術振興機構　低炭素社会戦略センター　研究員
学位：博士（環境科学），専門：環境計画

小林　昭雄（こばやし　あきお）［第4部11章］
大阪大学大学院
工学研究科付属　サステイナビリティ・デザイン・オンサイト研究センター
特任教授（大阪大学名誉教授）
学位：農学博士，専門：環境科学，植物工学，植物社会利用学

編者・執筆者一覧

町村　尚（まちむら　たかし）[第4部11章]
大阪大学大学院工学研究科　准教授
学位：博士（農学），専門：生物環境学

栗本　修滋（くりもと　しゅうじ）[第4部12章]
大阪大学環境イノベーションデザインセンター　特任教授
学位：博士（社会学），専門：地域社会学，森林論

熊澤　輝一（くまざわ　てるかず）[第5部13章]
立命館大学　立命館グローバル・イノベーション研究機構　ポストドクトラルフェロー
学位：博士（工学），専門：環境計画，サステイナビリティ学の知識構造化

古崎　晃司（こざき　こうじ）[第5部13章]
大阪大学産業科学研究所　准教授
学位；博士（工学），専門：オントロジー工学

溝口　理一郎（みぞぐち　りいちろう）[第5部13章]
大阪大学産業科学研究所　教授
学位：工学博士，専門：オントロジー工学

下田　吉之（しもだ　よしゆき）[第5部14章]
大阪大学大学院工学研究科　教授
学位：工学博士，専門：都市エネルギーシステム学

中村　信夫（なかむら　のぶお）[第5部14章]
株式会社ア・ソッカ　代表取締役
学位：修士（工学），専門：環境ビジネス，新規事業創造

山中　伸介（やまなか　しんすけ）[終章]
大阪大学大学院工学研究科　教授，環境イノベーションデザインセンター副センター長
学位：工学博士，専門：エネルギー材料，原子炉燃料材料

索　引

A-Z

attribute-of 関係	191
BAT：Best Available Technology	38
BAU：Business as Usual	35
CEIDS	13
End-of-pipe	218
FSC（Forest Stewardship Council：森林管理協議会）	144
GSSD（The Global System for Sustainable Development）	193
IPCC	26
IR3S	8
is-a 関係	191
KJ法	207
Multi-level Perspective	77
NPO法	131
part-of 関係	191
QOL	56, 154
RISS	13
Sustainable Development	7
S字カーブモデル	80
transdisciplinary	6
3R	16

あ行

アーバングリーニング	154
アウトリーチ活動	14
アジア地域	18, 24
アジアの循環型社会	211
アジェンダ21	125
遊ぶ存在	175
新しい科学研究のパラダイム	1
アトリウム	159
飯田市	140
一般均衡（CGE）	103
意味付与機能	178
栄養素	164
エコインダストリアルパーク	30
エコ設計	98
エネルギー強度（Energy Intensity）	30
エネルギー集約型産業	25
エンドオブパイプ	113, 218
オーフス条約	128
屋上や壁面の緑化	156
オントロジー	187
オントロジー工学	187

か行

概念マップ生成ツール	190
科学技術協力	42
科学技術シーズ	2
拡大生産者責任	90
貨幣評価	52
環境イノベーションデザイン	246
環境基本計画	125
環境基本法	125
環境クズネッツ曲線	59
環境公益訴訟	129
環境情報系	118
環境情報の公開	128
環境政策	88
環境保全活動・環境教育推進法	125
環境モデル都市	137
環境容量理論	119
飢餓人口	169
気候変動枠組条約	102
技術開発ロードマップ	62
技術革新	85

技術についてイノベーション	86
技術変化の連鎖	98
技術ロードマップ	246
希少性	174
基本概念	191
協議会制度	125
共進化過程	79
共通だが差異のある責任	109
協働	123
協働取組	126
クラス概念	191
クラス制約	192
グリーンIT	245
クリーン開発メカニズム（CDM）	105
研究グランドデザイン設計	211
研究領域	212
検定	96
原風景	181
原木栽培者	181
広域資源循環	39
合意形成	208
後継者問題	177
光合成	155
高効率技術システム	38
構造化	187
行動力	246
工房	20
コペンハーゲン合意	102

さ　行

サステイナビリティ	1, 6, 7
サステイナビリティ・サイエンス	1, 6, 13
サステイナビリティ・デザイン	2
サステイナビリティ評価	46
サステイナブルシアトル	49
サステイナブル社会	182
サステナ倶楽部	176
サトウキビ廃糖蜜	147
里山	181
サプライチェーン	114
産学連携研究	220
産業エコロジー	39, 219

サンシャイン計画	222
山村文化	182
シーズマップ	215
資源効率	90
資源の枯渇	45
システム	51
自然共生社会	8
持続可能性	1, 6
持続可能な開発	7, 46
持続可能な社会	6
持続可能な生産・消費	91
室内緑化	157
シナリオ	17
指標体系	28
司法アクセス権	129
市民参加	128
市民ファンド	143
社会基盤	24
社会システム変革	2
社会ニーズ	2
需要牽引	87
循環型社会	8, 16
循環経済	29
省エネルギー技術	107
蒸散	156
少子高齢化社会	153
消費社会システム	171
将来シナリオ	25, 207
植物工場	160
食糧の廃棄	168
人口	45
水耕栽培	164
ステークホルダー	246
スマートグリッド	225
スロット	192
生活基盤	1
生活の質（Quality of Life：QOL）	56, 154
政策目標	30
性質の継承	192
製品ライフサイクル	90
生物多様性	181
生物多様性条約	132
世界排出量取引制度	109

世代間格差	172
ゼロエミッション	30
全体性と関係性	60
専門分野併存型	187
戦略的ニッチ管理	81
相互作用	174
相対評価アプローチ	57
ソフトパス	113

た 行

第3期科学技術基本計画	218
ダイオキシン	86
対症療法	1
対症療法的	89
太陽光利用	245
太陽電池技術の変遷	222
大量消費社会	167
多重継承	194
炭素予算	110
炭素リーケージ	103
地域性	174
地域モデル	31
地下ダム	148
地球温暖化問題	48
地球環境	1
地球環境問題	6
地球サミット	48
知識	187
知の構造化	20, 215
知の統合	219
超学的	6
長江デルタ流域	25
坪庭	159
強い持続可能性	54
提案制度	125
低炭素技術	107
低炭素社会	8
低炭素都市推進協議会	138
デカップリング	91
テキストマイニング	207
デザイン	19
デザイン力	246

伝統文化	179
統合的アプローチ	139
同時代性	174
特殊化	192
都市廃棄物	40
都市緑化	154
特許	94
共考	187
共考支援	188
共進化過程	79
トレードオフ	54, 118

な 行

ハードパス	113
成り行きシナリオ	36
生業	181
南北問題	7
ニッチ市場	87
熱電変換技術	245
ネットワーク分析	207
燃料電池	245

は 行

バイオマスエコタウン構想	147
排出権	104
バックキャスト	27
ヒートアイランド現象	155
ビジョン	2
人の五感	158
評価システム	211
評価ツール	50
フィフティーズ	170
不確実性	26, 53
プラスチック	91
ブランド化	177
分析科学	11
文明の持続	9
分野横断	202
分野横断型	186
分野横断機能	202
分野融合型	186

法造	190

ま 行

マッピング	213
マップ・ツール	194
宮古島市	146
メゾ	245
「メゾ」レベル	226
モード1モデル	220
モード2モデル	220
木質ペレット	145
問題解決型の研究システム	2
問題群の因果関係	214

や 行

矢作川方式	124

有限性仮説	8
誘発的技術革新仮説	86
榛原町	143
吉野林業	179
弱い持続可能性	55

ら 行

ライフサイクルアセスメント	52
リーケージ	111
リオ宣言	125
リサイクル	86
リニア・モデル	220
領域科学	11
利用可能な最良の技術	38
ロードマップ	27
ロール	192
ロールホルダー	192

サステイナビリティ・サイエンスを拓く
―環境イノベーションへ向けて―
Pioneering Sustainability Science towards Environmental Innovation

2011年5月23日　　初版第1刷発行	［検印廃止］

　　　　　　編　者　原　圭史郎・梅田　靖
　　　　　　監　修　大阪大学環境
　　　　　　　　　　イノベーションセンター
　　　　　　発行所　大阪大学出版会
　　　　　　　　代表者　鷲田　清一
　　　　　　　　〒565-0871　吹田市山田丘2-7
　　　　　　　　大阪大学ウエストフロント
　　　　　　　　電話　06-6877-1614　FAX　06-6877-1617
　　　　　　　　URL:http://www.osaka-up.or.jp
　　　　　　印刷所　亜細亜印刷株式会社

ⓒ K. Hara, Y. Umeda　2011　　　　　　　　Printed in Japan
　　　ISBN978-4-87259-384-6　C3050

Ⓡ〈日本複写権センター委託出版物〉
本書を無断複写（コピー）することは、著作権法上の例外を除き、禁じられています。本書をコピーされる場合は、事前に日本複写権センター（JRRC）許諾を受けてください。
JRRC:http://www.jrrc.or.jp　eメール:info@jrrc.or.jp　電話:03-3401-2382